Schatz, bis Montag!

Übersetzung: Michael Auwers, Dassel

Druck und Bindung: Gutenberg Beuys, Hannover

ISBN 978-3-7486-0325-2
Best.-Nr. 21395

HolzWerken –
Ein Imprint von Vincentz Network GmbH & Co. KG
Plathnerstr. 4c, 30175 Hannover
www.holzwerken.net

Weitere Materialien kostenlos online verfügbar!

http://www.holzwerken.net/bonus

Ihr exklusiver Bonus an Informationen!
Ergänzend zu diesem Buch bietet Ihnen *HolzWerken* Zeichnungen zu einigen der Projekte in diesem Buch zum Download an. **Scannen Sie den QR-Code oder geben Sie den Buch Code unter www.holzwerken.net/bonus ein und erhalten Sie kostenfreien Zugang zu Ihren persönlichen Bonus-Materialien!**
Buch-Code: TE1085

Mike Cheung

Schatz, bis Montag!

14 machbare Holzprojekte fürs Wochenende

HolzWerken

Für Paula, die nie vor einem albernen Abenteuer zurückschreckt.

CRAFT BEER
"ICE COLD"
CRAFT BEER
"ICE COLD"

Inhalt

Wohnen

Arbeiten

Spielen

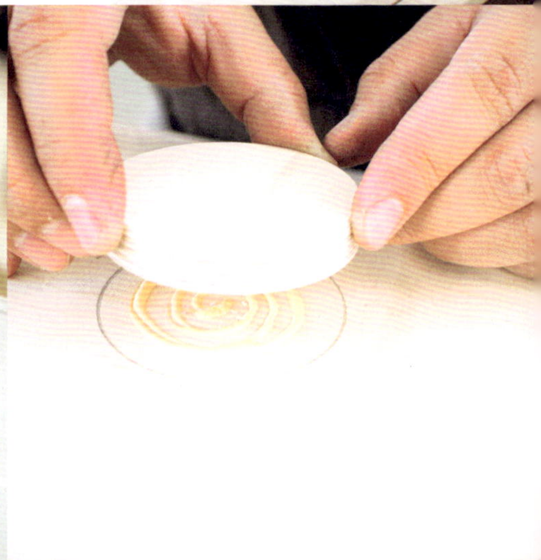

Einleitung

Die Vorstellung, etwas zu bauen, auch wenn ich mit Einschränkungen in Bezug auf das Material, auf meine Fähigkeiten oder die Werkzeuge umgehen musste, hat mich schon immer fasziniert. Obwohl es mir im vergangenen Jahrzehnt gelungen ist, in der Werkstatt eine anständige Sammlung von Werkzeugen und in meinem Kopf eine anständige Sammlung von Kenntnissen anzulegen, war das nicht immer so. Ich wuchs in einem ländlichen Gebiet auf, erfüllt von einem unstillbaren Drang danach, zu wissen wie Dinge funktionieren. Ich nahm Sachen auseinander, baute sie wieder zusammen und aus den unweigerlich übrig gebliebenen Teilen baute ich dann etwas Neues. Dann kam das College, und ich studierte Industriedesign. Dabei geht es eigentlich nur darum, Probleme zu lösen und diese Lösungen dann in einem realen Gegenstand Gestalt annehmen zu lassen. Dort erwarb ich erste Werkstatterfahrungen, die ich später in der Welt des professionellen Designs verfeinerte. Inzwischen habe ich meine eigene Werkstatt und betreibe unter dem Firmennamen Tinkering Monkey ein Unternehmen für Schildermalerei.

Ich sehe mich selbst gerne als praktischen Holzwerker. Darunter verstehe ich jemanden, der mit den gegebenen Werkzeugen und Fähigkeiten etwas erschafft, das nützlich und sogar schön ist. Bei den Stücken in diesem Buch geht es eher darum, sich etwas Material zu greifen und einfach etwas auszuprobieren, als darum, atemberaubende Kunstwerke zu schaffen (niemandem wurde während der Arbeit an diesem Buch der Atem geraubt). Man sollte auf jeden Fall auf alles, was man erschafft, stolz sein, aber man muss nicht bei jedem Stück, das man baut, Ruhm bei der Nachwelt anstreben. Mit den eigenen Händen etwas zu bauen kann gleichzeitig frustrierend und bereichernd sein. Wichtig ist, dass man etwas Neues lernt, während man baut, experimentiert und scheitert. Ein Fehler ist eigentlich nichts anderes als ein Probelauf. Wenn man genug davon macht, hat man bald genug Feuerholz für den Winter – oder man wird zum Meister ... Welches von beiden, hab ich gerade vergessen.

Wohnen

JETZT ist es an der Zeit oder vielleicht morgen, auf jeden Fall recht bald, die eigene Wohnung mit handgefertigten Objekten auszustatten, auf die man stolz sein kann. Vergessen Sie Holzuntersetzer, im Folgenden kommen nämlich fünf Werkstücke, die Ihnen den Neid der gesamten Nachbarschaft sichern werden.

Organizer für den Flur
Seite 12

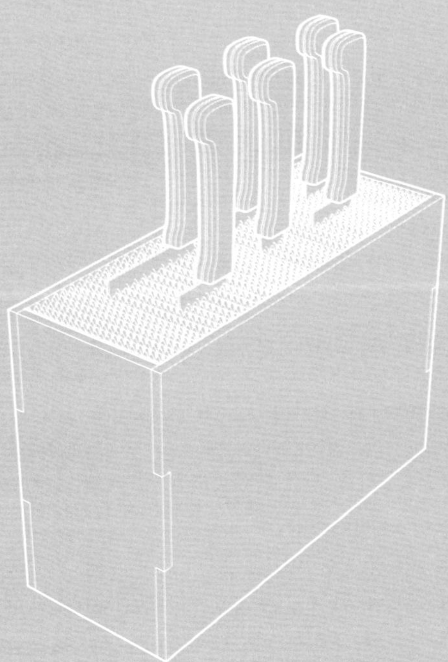

Bambusbox
Seite 22

Stauklötze
Seite 30

Dons Lampe
Seite 48

Magnetrahmen
Seite 38

Paula Chang

Organizer für den Flur

Hier findet sich alles, was man sonst nicht findet.

„Seien Sie gegrüßt, Hochwohlgeboren!" Mit diesen Worten, so kann man es sich gut vorstellen, heißt einen dieser ergebene und treue Diener willkommen, wenn man die Wohnung betritt. Der stille Wächter des Eingangs verbirgt erfolgreich alles, was man an Technik braucht, und leistet subtile Hilfe beim Aufbruch und bei der Wiederkehr. An der Unterkante sind starke Magneten versteckt, die nur darauf warten, Ihren Schlüsselring einzufangen. Ein sanfter Zug und sie lassen das Schlüsselbund bereitwillig wieder los. Ein Schlitz auf der Oberseite bietet reichlich Raum, um das Bezahlen von bis zu sechs Rechnungen noch eine Weile aufzuschieben. Außerdem kann man dort gut die Coupons und die dicken Bargeldbündel unterbringen, die man ja nicht vergessen möchte, wenn man das Haus verlässt.

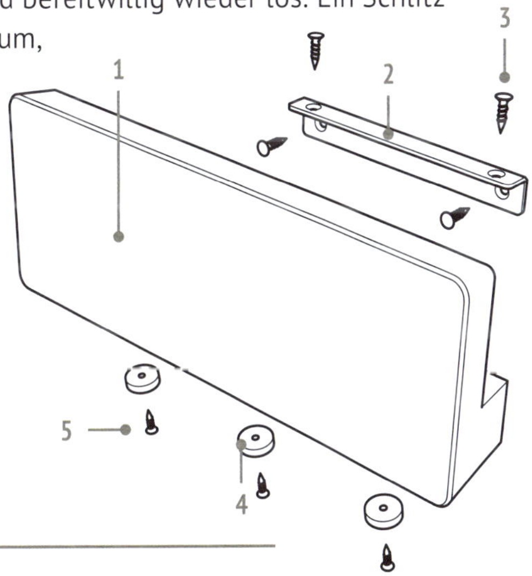

Teileliste

Nr.	Bezeichnung	Anzahl	Anmerkungen
1	Holzklotz	1	12 x 100 x 380 mm
2	Hängeleiste	1	12 x 12 x 175 mm
3	Schrauben für Hängeleiste	4	3,0 x 12 mm
4	Magneten	3	12 mm Durchmesser
5	Schrauben für Magneten	3	3,0 x 20 mm

Schwierigkeitsgrad

Einfach

Werkzeug und Material

- Tischkreissäge
- Schiebestock
- Ablängschlitten oder Gehrungsanschlag
- Kombiwinkel
- Stechbeitel
- Exzenterschleifmaschine
- Handoberfräsentisch
- 6-mm-Abrundfräser
- 45°-Fasefräser
- Schleifklotz
- Bohrmaschine
- 3-mm-Bohrer
- 6-mm-Bohrer
- Versenker
- Kreuzschlitzschraubendreher
- Oberflächenmittel

Die Idee hinter der Gestaltung

Bei diesem Werkstück geht es um Schlichtheit. Viel schlichter als ein einfacher Klotz Holz kann man es kaum machen. Die Seiten sind angeschrägt, damit die Magneten unten und der Schlitz oben nicht zu sehen sind. Die Hängeleiste zur Befestigung an der Wand ist leicht anzubringen, aber vollkommen unsichtbar.

1 Blatthöhe einstellen. Stellen Sie das Sägeblatt so ein, dass es am höchsten Punkt nur etwa 3 mm über das Material hinausragt.

2 Auf Breite schneiden. Verwenden Sie eine Abdeckhaube und einen Schiebestock, um das Rohholz auf die Gesamtbreite zu sägen.

3 Auf Länge schneiden. Sägen Sie das Holz mit einem Ablängschlitten oder Gehrungsanschlag grob auf Länge, das heißt vorerst mit etwa 10 mm Übermaß.

4 **Den Falz anreißen.** Markieren Sie beide Enden des abgesetzten Falzes, sodass er der Länge der Hängeleiste entspricht. Entfernen Sie mit der Tischkreissäge und dem Ablängschlitten oder Gehrungsanschlag in mehreren flachen Durchgängen den Verschnitt, bis die Tiefe des Falzes der Stärke der Hängeleiste entspricht.

5 **Glätten.** Entfernen Sie mit einem scharfen Stechbeitel die Sägespuren, die bei den wiederholten Schnitten entstanden sind. Diese Fläche ist später nicht sichtbar, es ist also nicht notwendig, sie extrem sorgfältig zu verputzen, es reicht vollkommen, wenn sie eben ist.

6 Schleifen. Schleifen Sie mit einem Exzenterschleifer die Vorderseite und die beiden Hirnholzflächen an den Seiten.

7 Schön langsam. Heben Sie das Sägeblatt nur schrittweise an, damit Sie nicht versehentlich bei einem einzelnen Schnitt zu viel Material abnehmen. Sägen Sie so bis zur Endtiefe des Briefschlitzes.

8 Den Falz schneiden. Den Falz auf der Rückseite des Organizers legt man an, indem man zuerst einen Längsschnitt durch den hochkant am Parallelanschlag stehenden Holzklotz führt. Führen Sie mehrere Schnitte durch, um sich allmählich der Endtiefe des Schnitts zu nähern.

9 Höhe einstellen. Stellen Sie die Schnitttiefe für den Ablängschnitt, mit dem Sie den Falz freischneiden, anhand des Werkstücks ein.

10 Verschnitt entfernen. Legen Sie das Werkstück mit der Verschnittseite nach außen auf die Säge und schneiden Sie den Verschnitt aus dem Falz auf der Rückseite frei.

11 Kante anfasen. Stellen Sie das Sägeblatt der Tischkreissäge auf einen leichten Winkel ein und schneiden Sie an der Unterkante des Organizers eine Fase an.

12 Schnitte versäubern. Schneiden Sie das Werkstück langsam und vorsichtig auf Endlänge, um einen sauberen Schnitt ohne Faserausrisse an den Kanten zu erhalten.

13 Kanten abrunden. Runden Sie die scharfen Kanten am Handoberfräsentisch mit einem Abrundfräser ab.

14 Glatt schleifen. Befestigen Sie mit Sprühkleber Schleifpapier auf der Fläche eines Holz- oder Sperrholzbretts. Schleifen Sie dann damit die Unterkante des Organizers schön glatt.

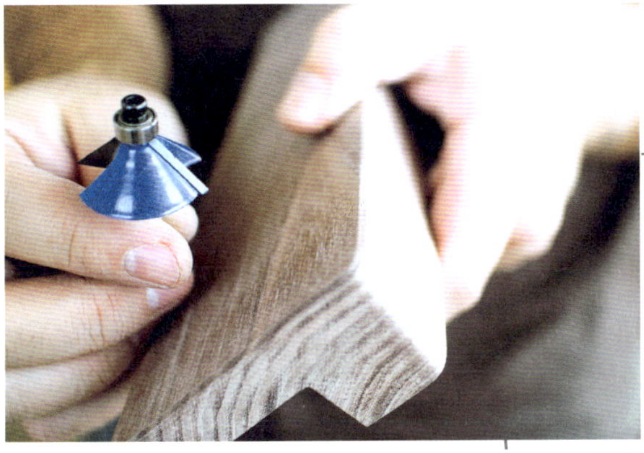

15 Die Kanten anfasen. Verwenden Sie einen 45°-Fasefräser, um die scharfen Außenkanten des Werkstücks anzufasen.

16 Bohrungen für die Magneten anlegen. Bohren Sie in gleichmäßigen Abständen Sacklöcher in die Unterkante, deren Tiefe der Stärke der Magneten entspricht. Wenn man die Löcher etwas in Richtung Vorderseite des Organizers versetzt, scheuern die Schlüssel nicht an der dahinter liegenden Wand.

17 Magneten anbringen. Befestigen Sie die Magneten mit Schrauben in den Sacklöchern, sodass ihre Oberseite bündig mit der umgebenden Holzoberfläche abschließt.

18 Hängeleiste vorbereiten. Bohren Sie 3-mm-Löcher an beiden Enden und in beide Schenkel der Winkelleiste. Fasen Sie die Innenränder der Bohrlöcher mit einem Versenker an.

19 Hängeleiste anbringen. Die Hängeleiste wird in dem abgesetzten Falz an der Rückseite des Werkstücks angebracht. Legen Sie die Hängeleiste ein und markieren Sie die Lage der Befestigungsschrauben.

20 Löcher für die Hängeleiste bohren. Reißen Sie die Position der Schraubenlöcher für die Hängeleiste und bohren Sie die Löcher mit einem langen Bohrer vor.

21 Oberfläche schützen. Ein Klarlack auf Wasserbasis oder ein Hartöl ist schnell aufgetragen und hält auch längerer Nutzung stand.

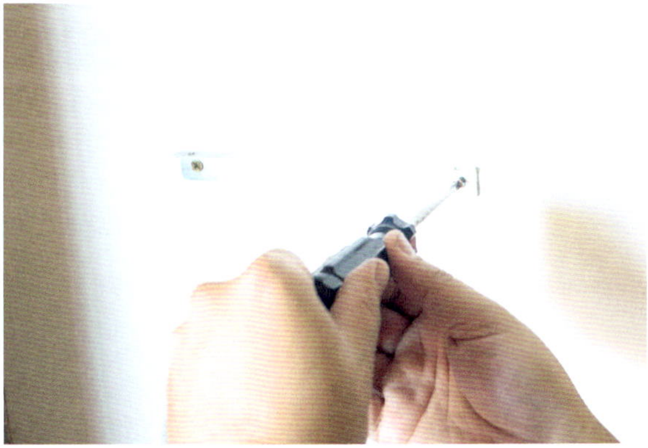

22 Hängeleiste anbringen. Schrauben Sie zuerst die Hängeleiste an der Wand an. Setzen Sie dazu in der Wand die dem Material entsprechenden Dübel ein.

23 Organizer aufhängen. Wenn die Hängeleiste an der Wand angebracht ist, wird der Organizer mit zwei Schrauben daran aufgehängt.

Bambusbox

Ein Kasten mit klaren Linien, um Messer aller Art aufzubewahren.

Liegen bei Ihnen noch verschiedene Messer aus den längst vergangenen Studententagen herum? Vielleicht ist die Miniaturversion des Ritterschwerts ja auch einfach zu witzig, um sie zu entsorgen. So oder so ist eine eklektizistische Messersammlung nicht leicht in einem traditionellen Messerklotz unterzubringen. Hier hat die Bambusbox ihren großen Auftritt: Der Kasten nimmt einen ganzen Wald von Bambusspießen auf, zwischen die man unterschiedlichste Klingen vom zierlichen Pariermesser bis hin zum groben Fleischerbeil unterbringen und auf dem Küchentresen bereitstellen kann.

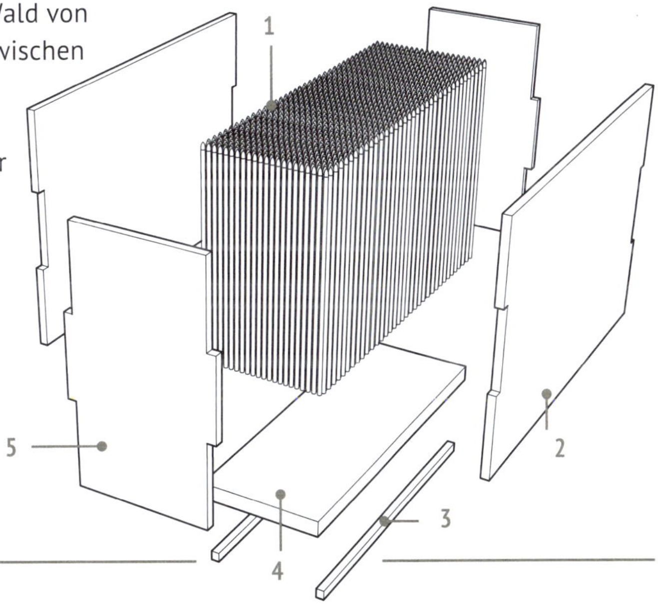

Teileliste

Nr.	Bezeichnung	Anzahl	Anmerkungen
1	Bambusspieße	Packung	Genügend, um Kasten zu füllen
2	Seitenteile, Nussbaum	2	6 x 200 x 225 mm
3	Bodenleisten	2	12x 12 x 200 mm
4	Boden	1	6 x 100 x 212 mm
5	Endstück, Nussbaum	2	6 x 112 x 200 mm

Schwierigkeitsgrad

Einfach

Werkzeug und Material

- » Tischkreissäge mit Nutsägeblatt (s. Bemerkung auf S. 67)
- » Lineal
- » Ablängschlitten oder Gehrungsanschlag
- » Stoppklotz
- » Cyanacrylatklebstoff („Sekundenkleber")
- » Tischlerleim
- » Zwingen
- » Bandschleifer oder Schleifklotz
- » Gummibänder
- » Bandsäge
- » lebensmittelechtes Öl

Die Idee hinter der Gestaltung

Der Messerhalter mit Bambusspießen soll die optimale Unterbringung von Messern unterschiedlicher Form und Größe ermöglichen, ohne viel Stellfläche in Anspruch zu nehmen. Wegen der senkrechten Ausrichtung der Messer kann die Bambusbox auch in kleinen Küchen oder bei eingeschränkter Tresenfläche problemlos einen Platz finden.

1 **Material auf Breite schneiden.** Schneiden Sie genug Material für alle vier Seiten des Kastens auf Breite zu. Die schönste Übereinstimmung in Bezug auf Farbe und Maserungsverlauf erreichen Sie, wenn alle Teile aus einem einzigen Brett stammen.

2 **Länge anreißen.** Reißen Sie die Längen der Seiten in der Reihenfolge Seitenteil-Endstück-Seitenteil-Endstück an, damit sich die Maserung bei dem fertigen Kasten durchgehend um alle vier Seiten fortsetzt.

3 **Auf Länge schneiden.** Verwenden Sie einen Ablängschlitten oder einen Gehrungsanschlag, um die Seitenstücke auf Länge zu schneiden. Eine Zulage aus Restholz hinter dem Material verhindert Faserausrisse an der Austrittstelle des Sägeblatts.

4 Hohen Anschlag anbringen. Befestigen Sie einen hohen Anschlag am Gehrungsanschlag, um die Seitenstücke sicher halten zu können, während Sie die Fingerzapfen an ihren Enden anschneiden.

5 Nutsägeblatt einstellen. Stellen Sie die Höhe des Nutsägeblatts auf die Materialstärke ein. (Sie können das gleiche Ergebnis mit einem einfachen Sägeblatt erzielen, allerdings benötigen Sie dann mehr Durchgänge und mehr Zeit, um die Fingerzapfen anzuschneiden.)

6 Die Schnitte beginnen. Bringen Sie einen Stoppklotz an, mit dem der Abstand des Materials vom Parallelanschlag bestimmt wird, und sägen Sie die Auskerbungen an den Enden der Seitenstücke.

7 Schnitte zu Ende führen. Bewegen Sie das Material schrittweise vom Stoppklotz fort, um die Auskerbung an einem Ende fertigzustellen. Drehen Sie dann das Seitenstück um und wiederholen Sie die Schnitte am anderen Ende. Eine Anlage über dem Werkstück hilft, das teilweise geschnittene Material in der richtigen Position zu halten.

8 Verbindungen anreißen. Legen Sie das Seitenteil direkt auf das zugehörige Endstück und reißen Sie die Lage der Fingerzinken an.

9 Verschnitt kennzeichnen. Um Fehler zu vermeiden, sollte man das zu entfernende Material deutlich markieren. Beachten Sie, dass dies jeweils die Gegenstücke zu den Fingerzinken am Endstück sind.

10 Stoppklotz verschieben. Legen Sie den Stoppklotz genau an der Kante des Werkstücks an. Die Außenseite des Sägeblatts wird an der Kante des Fingerzinkens ausgerichtet.

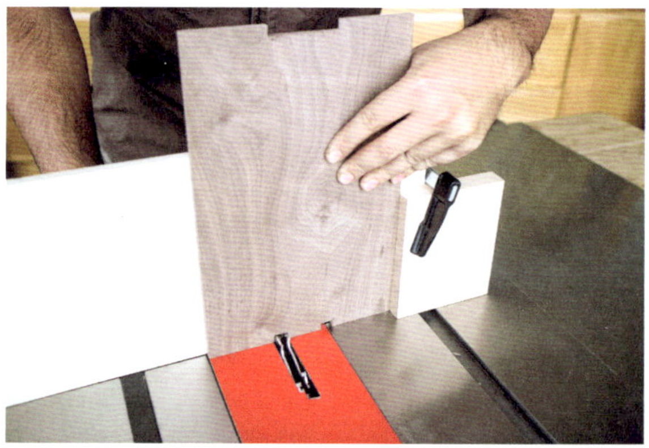

11 Schnitte ausführen. Legen Sie jeweils eine Kante des Seitenteils am Stoppklotz an, um ein Ende des Verschnitts einzuschneiden. Schneiden Sie dann den Rest des Verschnitts frei.

12 Bodenleisten anbringen. Befestigen Sie vor dem Verleimen zwei kleine Leisten an der Unterkante der Seitenteile. Mit den Leisten wird der Boden in der richtigen Position gehalten und angebracht.

13 Verleimen. Geben Sie eine Leimschnur an die Verschnittkanten der jeweiligen Verbindung an und schieben Sie den Kasten zusammen.

14 Rechtwinkligkeit sichern. Legen Sie den zugeschnittenen Boden in den Kasten ein, bevor Sie die Zwingen ansetzen, um sicherzustellen, dass der Kasten während des Verleimens rechtwinklig bleibt.

15 Einspannen. Setzen Sie Zwingen über die Länge des Kastens an. Achten Sie darauf, dass sich die Verbindungen dabei schließen. Setzen Sie dann noch einige Zwingen über die Breite des Kastens an.

16 Schleifen. Mit einer Bandschleifmaschine kann man die Endstücke und Seitenteile des Kastens schnell bündig schleifen. Die Arbeit lässt sich jedoch ebenso gut mit einer Handschleifmaschine oder in Handarbeit mit einem Schleifklotz erledigen.

17 **Kastentiefe an den Spießen anreißen.** Halten Sie die Bambusspieße mit Gummibändern in Bündeln zusammen. Stellen Sie die Bündel in den Kasten und reißen Sie die Länge der Spieße an.

18 **Spieße auf Länge schneiden.** Schneiden Sie die immer noch mit den Gummibändern zusammengehaltenen Spieße bündelweise auf Länge.

19 **Oberflächenmittel auftragen.** Wählen Sie ein Öl, welches DIN 71-3 und DIN 53160 erfüllt; meist als Arbeitsplattenöl bezeichnet. Man trägt einfach mit einem Baumwolltuch oder mit Küchenpapier einige Schichten des Öls auf.

20 **Fertig stellen.** Legen Sie die Bambusspieße in den Kasten ein. Packen Sie sie dicht, aber so, dass sie sich immer noch etwas verschieben lassen. Dann können Sie schon Ihre Messer in dem Kasten unterbringen.

How to Draw Cars the Hot Wheels Way
Robertson
Epstein
The big book of creativity games
TASCHEN

Stauklötze

Reservieren Sie etwas Platz für all die guten Dinge.

Sie sorgen als Kapitän für Ordnung auf Ihrem Schiff. Aber die Mannschaft schafft es immer wieder, Chaos zu produzieren. Geben Sie den Wirrwarr-Matrosen mit diesen stapelbaren Kisten genügend Stauraum, um alles schön fortzuräumen. Die Nut-und-Feder-Verbindungen sehen sauber aus und sind so belastbar, dass die Klötze auch von den unbändigsten Piraten bestiegen werden können.

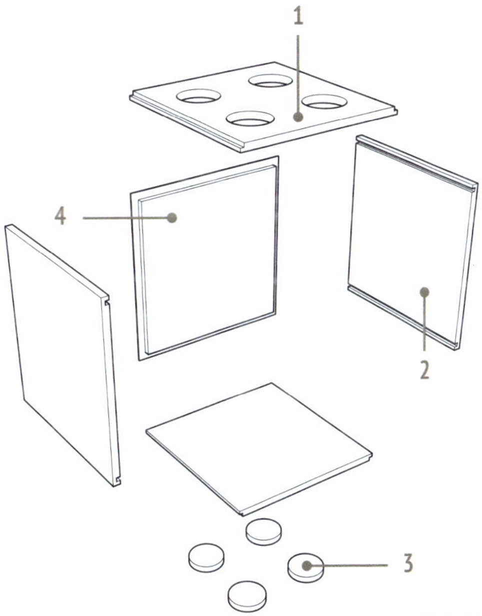

Teileliste

Nr.	Bezeichnung	Anzahl	Anmerkungen
1	Boden und Deckel	2	12 x 300 x 290 mm
2	Seitenteile	2	12 x 300 x 300 mm
3	Füße	4	Durchmesser 70 mm; 75 mm nach innen von beiden Kanten versetzt
4	Rückwand	1	12 x 300 x 300 mm

Schwierigkeitsgrad

Einfach

Werkzeug und Material

- » Tischkreissäge
- » Lineal
- » Abstandshalter
- » Gehrungsanschlag
- » Kombiwinkel
- » Zwingen
- » Bohrmaschine mit 70-mm-Lochsäge
- » Bandsäge oder Stichsäge
- » Tellerschleifmaschine oder Schleifklotz
- » Bandschleifmaschine oder Schleifklotz
- » Tischlerleim
- » Exzenterschleifmaschine
- » Klarlack oder Hartöl

Die Idee hinter der Gestaltung

Die Ordnungsklötze erinnern nicht zufällig an unser aller Lieblingsbauklötze aus Kunststoff. Die durchgehenden Löcher, in die man die Füße einsteckt, eignen sich auch gut als Griff, um die Klötze hin und her zu tragen. Man kann die Klötze übereinander stapeln oder einzeln verwenden – falsch oder richtig gibt es bei ihnen nicht.

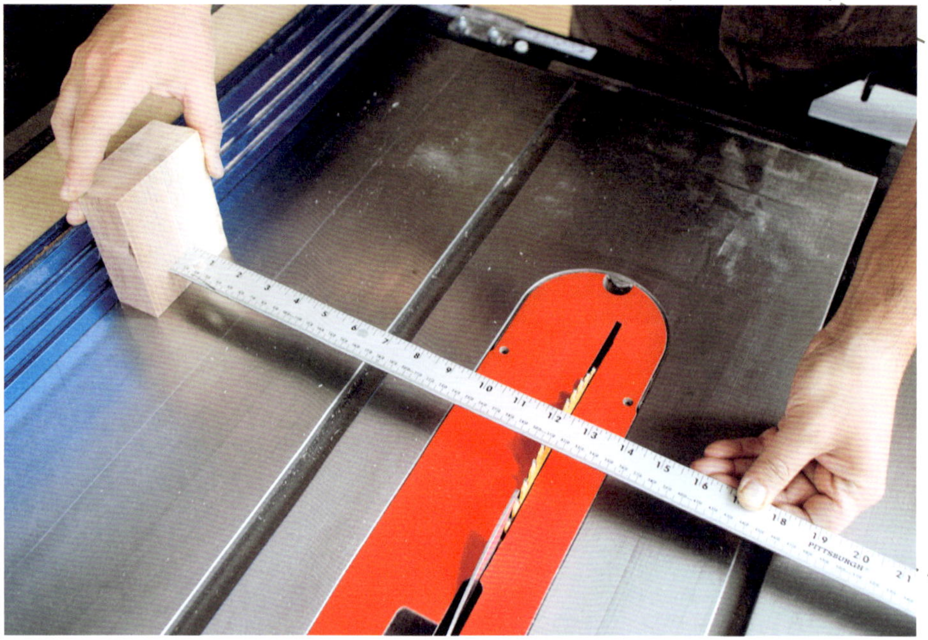

1 Parallelanschlag einstellen. Schneiden Sie Ihr Material auf Breite und legen Sie dann einen Abstandshalter am Parallelanschlag der Tischkreissäge an. Stellen Sie dann den Anschlag auf das gewünschte Maß ein.

2 Werkstück positionieren. Legen Sie das Material am Gehrungsanschlag an und bringen Sie es mit dem Abstandshalter in die richtige Position.

3 Schnitt ausführen. Halten Sie das Werkstück fest, entfernen Sie den Abstandshalter und führen Sie den Schnitt aus.

4 Fälze anschneiden. Wenn das Material auf Länge und Breite geschnitten ist, stellen Sie das Sägeblatt auf einen Abstand von 6 mm zum Parallelanschlag ein und führen Sie einen 6 mm tiefen Schnitt auf zwei jeweils gegenüberliegenden Kanten der Seitenteile aus.

5 Fälze fertigstellen. Stellen Sie die Schnitttiefe so ein, dass die Oberkante des Schnitts innerhalb der in Schritt 4 geschnittenen Nut liegt. So entsteht der in der Abbildung (links) zu sehenden Falz.

6 Die Federn schneiden. Stellen Sie das Sägeblatt auf die Breite und Höhe des Falzes ein. Schneiden Sie dann in zwei Durchgängen einen 6-mm-Falz, sodass eine Feder stehen bleibt, wie links zu erkennen.

7 Zusammenstecken. Wenn die Feder angeschnitten ist, sollten sich die Eckverbindungen mühelos zusammenstecken lassen.

8 Position der Löcher anreißen. Markieren Sie mit einem Kombiwinkel, der auf 75 mm eingestellt ist, den Mittelpunkt jedes Lochs als Kreuzungspunkt von beiden Kanten.

9 Löcher aussägen. Schneiden Sie mit einer Lochsäge in der Ständerbohrmaschine die runden Löcher im Deckel des Klotzes aus.

10 Füße anreißen. Verwenden Sie ein mit derselben Lochsäge geschnittenes Loch als Schablone, um den Umriss der Füße auf ein Stück Sperrholz zu übertragen.

11 Füße aussägen. Schneiden Sie mit der Bandsäge oder Stichsäge die Sperrholzkreise aus, die als Füße dienen werden.

12 Glatt schleifen. Schleifen Sie die Kanten der Füße an einer Tellerschleifmaschine oder in Handarbeit mit einem Schleifklotz und Schleifpapier.

13 Sauber schleifen. Entfernen Sie eventuell verbliebene Bleistiftmarkierungen oder Holzfasern vom Schleifen der Kanten, indem Sie die Füße einige Male mit der Bandschleifmaschine oder dem Schleifklotz bearbeiten.

14 Füße anbringen. Markieren Sie die Lage der Füße auf dem Boden, indem Sie die Löcher im Deckel als Schablone verwenden. Geben Sie eine dünne Schicht Leim an und spannen Sie die Füße mit Zwingen fest.

15 Leim angeben. Geben Sie eine dünne Leimschnur in den Fälzen und den Nuten an, die Sie in die Seitenteile und die Rückwand des Klotzes geschnitten haben.

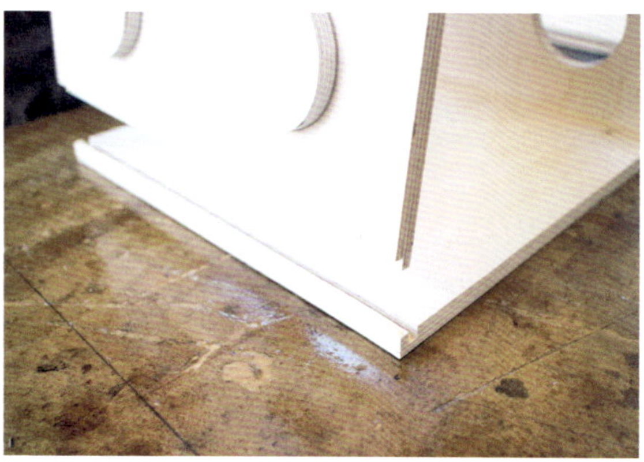

16 Zusammenstecken. Stellen Sie die Feder in die Nut und entfernen Sie austretenden Leim sorgfältig.

17 Einspannen. Ziehen Sie die Verbindungen mit einigen Zwingen zusammen. Die Rückwand des Klotzes (nicht abgebildet) wird hinten eingeschoben und stellt sicher, dass die Montage im rechten Winkel bleibt.

18 Rückwand beschweren. Anstatt Zwingen anzusetzen, können Sie die Rückwand mit Gewichten beschweren und so sicherstellen, dass sie während des Verleimens an Ort und Stelle bleibt.

19 Kanten verputzen. Mit einem Exzenterschleifer ist es eine leichte Arbeit, Flecken zu entfernen, die ausgetretener Leim verursacht hat, und die Kanten des Klotzes zu verputzen.

20 Oberflächenmittel auftragen. Ein klarer Sprühlack ist leicht aufzutragen. Es ist besser, zwei dünnere Schichten aufzusprühen als eine dicke.

Magnetrahmen

Ist das Holz ein Magnet oder einfach nur Magie?

Was wäre, wenn... Holz magnetisch wäre? Nun ja, zum einen würde das Stepptanzen ungemein unterhaltsam werden. Einen derartigen mystisch-magischen Effekt kann man erzeugen, indem man direkt unter einer Holzoberfläche etwas Stahl verbirgt. Der Magnetrahmen ist perfekt geeignet, um ein Poster seiner liebsten Heavy-Metal-Band aus den 80ern aufzuhängen und ihn schnell gegen etwas Zahmeres austauschen zu können, wenn die Schwiegereltern ihren Besuch angekündigt haben.

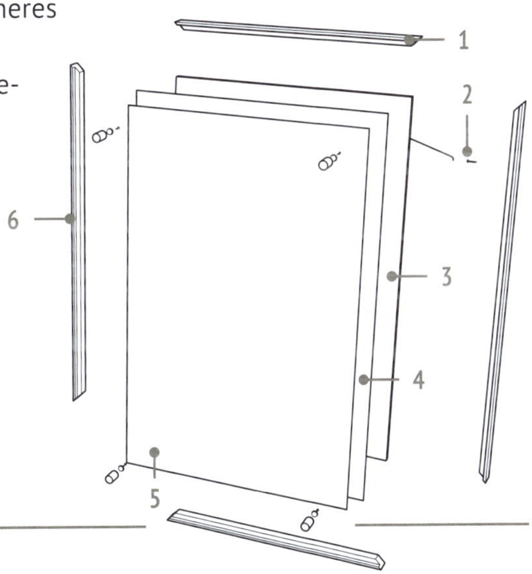

Teileliste

Nr.	Bezeichnung	Anzahl	Anmerkungen
1	Querfriese	2	20 x 38 x 610 mm
2	Schrauben mit Unterlegscheiben	2	Schrauben 4.0 x 20 mm
3	Sperrholzrückwand	1	12 x 595 x 900 mm
4	Verzinktes Metall	1	1,5 x 610 x 915 mm
5	Selbstklebendes Furnier	1	1,5 x 610 x 915 mm
6	Längsfriese	2	20 x 38 x 915 mm

Schwierigkeitsgrad
Einfach

Werkzeug und Material

- Tischkreissäge
- Schiebestock
- Gehrungsanschlag
- Tischlerleim
- Druckluftnagler oder Hammer und Drahtstifte
- Exzenterschleifmaschine
- Sprühklebstoff
- Metallfeile
- Furnierroller
- Scharfes Messer
- Schleifklotz
- Bohrmaschine und Bohrer
- Kreuzschlitzschraubendreher
- Kombizange
- Seitenschneider
- Klarlack oder Hartöl

Die Idee hinter der Gestaltung
Wenn statt mit einer Glasplatte das Bild durch Magnete fixiert wird, erleichtert das den Austausch.

1 Sägeblatt einstellen. Die Entfernung vom Parallelanschlag zum Sägeblatt muss der Stärke des Sperrholzes entsprechen. In diesem Fall sind das 12 mm.

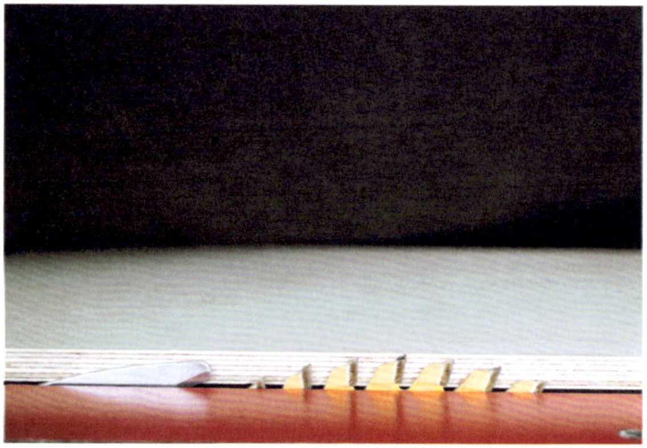

2 Schnitthöhe einstellen. Um sicherzustellen, dass der Falz im Rahmen die richtige Tiefe aufweist, stellt man die Höhe des Sägeblatts anhand der tatsächlichen Stärke des Sperrholzes ein. Nach der Fertigstellung des Rahmens liegt das Sperrholz dann bündig im umlaufenden Falz.

3 Ersten Schnitt ausführen. Stellen Sie das Material für die Friese hochkant, um die Tiefe des Falzes festzulegen. Verwenden Sie aus Sicherheitsgründen einen Schiebestock, um den Schnitt auszuführen.

4 Falz zu Ende schneiden. Mit einem zweiten Schnitt an der Tischkreissäge wird der Falz vollendet. Da die Höheneinstellung des Sägeblatts der Sperrholzstärke entspricht, liegt das Sperrholz bündig im Falz.

5 Länge ermitteln. Bedenken Sie, dass die Gesamtlänge des Rahmens – äußerster Punkt bis äußerster Punkt – der Länge des Metallblechs entsprechen muss, das sie verwenden.

6 Gehrungsanschlag einstellen. Stellen Sie den Gehrungsanschlag auf einen Winkel von 45° ein und richten Sie die Markierung an dem Punkt aus, an dem das Sägeblatt in die Anlage des Gehrungsanschlags eintritt.

7 Korrekt einstellen. Der Schlüssel zum präzisen Sägen des Gehrungswinkels liegt in der Einstellung. Legen Sie das Material am Anschlag an und führen Sie den Schnitt aus.

8 Gehrungsverbindung einlegen. Reißen Sie die Länge der Sperrholzplatte an, indem Sie die Platte in den Falz im Fries einlegen. Richten Sie dann die Platte bündig am Falz aus.

9 Länge anreißen. Messen Sie sorgfältig die Länge der anderen drei Friese aus und reißen Sie sie an. Verwenden Sie die Sperrholzplatte, um die Längen zu ermitteln.

10 Auf Maß sägen. Stellen Sie den Parallelanschlag der Tischkreissäge ein und schneiden Sie die Sperrholzplatte auf Maß.

11 Leim angeben. Tragen Sie Leim auf die Gehrungsflächen und in die Fälze ein, um das Sperrholz im Rahmen zu halten.

12 Festnageln. Mit einigen Nägeln wird die Sperrholzplatte befestigt und gegen Verziehen während der Leimtrockenzeit gesichert. Falls Sie nicht über einen Druckluftnagler verfügen, können Sie auch gut manuell ein paar Drahtstifte anbringen.

13 Abschleifen. Schleifen Sie die Kanten, um eventuell aufgetretene Unebenheiten zu beseitigen und so sicherzustellen, dass der Sprühklebstoff gut haftet.

14 Klebstoff auf das Holz auftragen. Sprühen Sie eine gleichmäßige Schicht Klebstoff auf die Sperrholzfläche und die Rahmenkanten.

15 Klebstoff auf das Blech auftragen. Um sicherzustellen, dass das Metall gut haftet, sollten Sie auch eine Schicht Sprühkleber auf das verzinkte Blech auftragen.

16 Zusammenlegen. Richten Sie das Blech sorgfältig am Sperrholz aus und legen Sie es mit leichtem Druck der Hände auf.

17 Kanten glätten. Falls das Blech über den Rahmen hinausstehen sollte, wird es einfach mit einer Feile bündig gefeilt.

18 Folie abziehen. Selbstklebendes Furnier macht das Aufleimen des Furniers überflüssig.

19 Furnier auflegen. Nachdem Sie die Abdeckfolie abgezogen haben, legen Sie das Furnier auf das Metallblech. Achten Sie darauf, dass das Furnier an allen Seiten etwas übersteht.

20 Kürschner beseitigen. Blasen im Furnier werden Kürschner genannt. Man entfernt sie, indem man die Luft mit einem Roller zu den Seiten hinausdrückt.

21 Furnier bündig schneiden. Verwenden Sie ein kurzes Messer mit einseitiger Fase, um den Furnierüberstand am Rahmen bündig abzuschneiden.

22 Glätten. Brechen Sie die scharfen Kanten des Furniers mit einem Schleifklotz.

23 Aufhängung vorbereiten. Bohren Sie in beide Längsfriese in etwa 200 mm Entfernung vom oberen Ende jeweils ein Loch für die Aufhängungsschrauben.

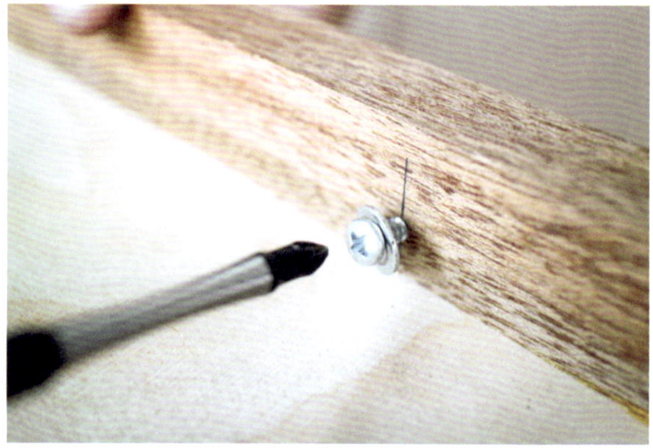

24 Schrauben eindrehen. Drehen Sie die Schrauben mit Unterlegscheiben so weit in die Bohrlöcher, dass mindestens 6 mm des Gewindes noch herausragen.

25 Umwickeln. Wickeln Sie mit einer Kombizange Draht zweimal um den Schraubenschaft. Für ein schweres Werkstück wie dieses ist ein stärkerer Draht (1,5 – 2 mm Durchmesser) angebracht. Schneiden Sie das Ende mit einem Seitenschneider ab.

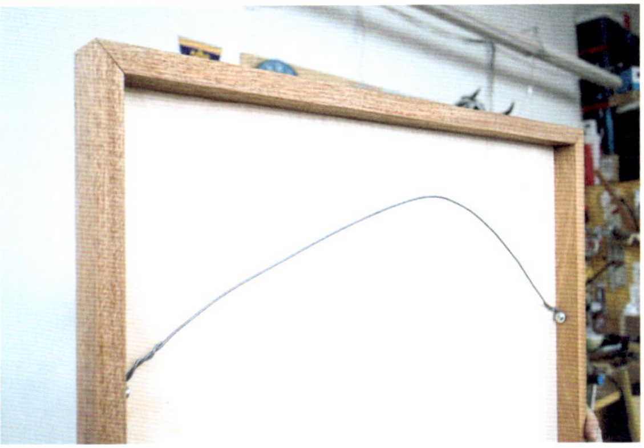

26 Hoch aufhängen. Schneiden Sie den Draht so auf Länge, dass er über die Breite des Rahmens reicht und lang genug ist, nach oben nachzugeben. Wickeln Sie dann das freie Ende um die Schraube im anderen Längsfries.

27 Oberfläche schützen. Das Furnier wird mit einer Schicht Klarlack aus der Sprühdose versiegelt und geschützt. Mit einem Sprühkopf (Sonderzubehör) fällt die Arbeit leichter und der Lack wird gleichmäßiger aufgetragen. Wer offene Oberflächen bevorzugt, nimmt ein Hartöl.

Elegante Magneten schnell hergestellt

Eine schöne Magnettafel sollte man nicht mit Magneten aus dem 1-Euro-Laden verunstalten. Übertreffen Sie sich selbst, indem Sie Seltene-Erden-Magneten in Sacklöcher in Rundstangen installieren. Manche Magneten können mit einer Schraube befestigt werden. Andere lassen sich mit Epoxidklebstoff in das Sackloch einkleben.

Dons Lampe

Mit Stil Licht in die Dinge bringen.

Diese Lampe entstand aus meiner Begeisterung für die amerikanische Fernsehserie Mad Men, die im Milieu der New Yorker Werbebranche der 1960er spielt. Ich wollte zwar nicht meine eigene Agentur gründen, konnte mir aber durchaus vorstellen, unser Haus mit einigen der eleganten Wohnaccessoires aufzuwerten, die etwa in der Wohnung der Hauptfigur Don zu sehen waren. Nachdem ich vergeblich eine Lampe gesucht hatte, deren drei Beine unter dem Schirm zusammentrafen, beschloss ich, selbst eine zu bauen.

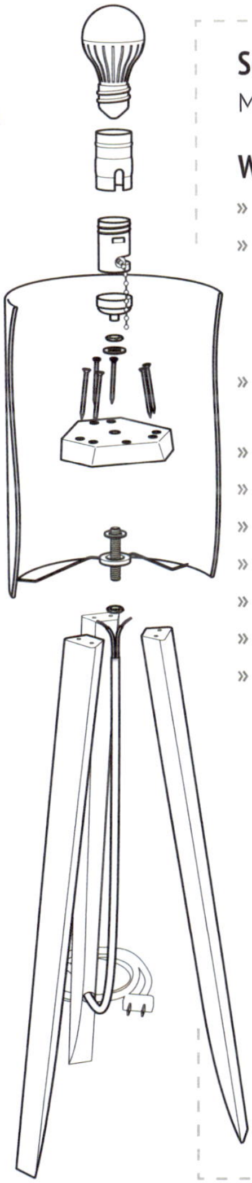

Schwierigkeitsgrad
Mittel

Werkzeug und Material

- Tischkreissäge
- Schiebeschlitten oder Gehrungsanschlag für die Tischkreissäge oder Kapp- und Gehrungssäge
- Vorrichtung zum Sägen von Verjüngungen
- Handoberfräsentisch
- 3-mm-Abrundfräser
- Fasefräser 22°
- Bandschleifmaschine
- Schleifklotz
- Schraubenschlüssel
- Bohrmaschine mit 9-mm-, 5-mm- und 3-mm-Bohrern
- Versenker
- Bandsäge
- Ständerbohrmaschine mit 10-mm-Bohrer
- Bandschleifmaschine oder Schleifklotz
- Cyanacrylatklebstoff (‚Sekundenkleber')
- Schraubendreher
- Durchsichtiges Oberflächenmittel nach Wahl

Die Idee hinter der Gestaltung

Die Lampe wird ihren Vorbildern durch die schöne Gestaltung und die Wiederaufnahme von Stilelementen aus den 50er Jahren gerecht. Die schlichte elegante Linienführung der Dreibeinleuchte kann viele unterschiedliche Einrichtungsstile ergänzen. Das Lampenkabel passiert ein einfaches Loch in einem der Beine, um ordentlich und sauber zur Steckdose geführt zu werden. Dieses schöne und funktionale Detail sorgt dafür, dass die Lampe nicht gleich umfällt, falls man am Kabel hängen bleiben sollte.

Teileliste

Nr.	Bezeichnung	Anzahl	Anmerkungen
1	Lampenfassung	1	Zugkette
2	Messingmutter	2	3 mm Innendurchmesser
3	Messingunterlegscheibe	2	9 mm
4	Holzschrauben	6	4,0 x 50 mm
5	Lampenschirm	1	Rund, 250 bis 300 mm
6	Gewindebuchse aus Stahl	1	3 mm Innendurchmesser x 50 mm
7	Lampenkabel	1	3 m
8	Obere Platte	1	ca. 100 x 100 x 25, gleiches Holz wie die Beine
9	Beine	3	50 x 38 x 535 mm
10	Stecker	1	
11	Lampenschirmhalter	1	optional
12	Abstandsringe mit Gewinde		optional
13	Knauf für Zugkette	1	optional

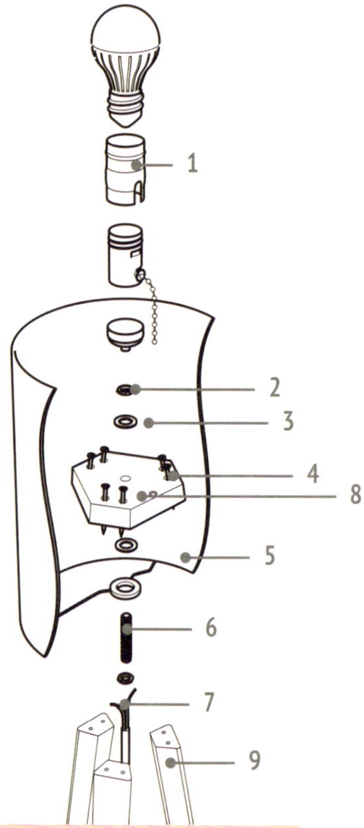

Abwandlungen der Lampe

Bei der Herstellung dieser Lampen mussten wir feststellen, dass es manchmal schwierig war, einen Schirm in der perfekten Form oder Größe zu bekommen. Es kann also notwendig sein, die Gestaltung der Lampe auf einen vorhandenen Schirm abzustimmen. Es zeigte sich, dass der Entwurf meist gelungen war, wenn die Weite zwischen den unteren Enden der Beine dem unteren Durchmesser des Schirms entsprach. So oder so ist es eine gute Idee, einige Skizzen anzufertigen, bevor man beginnt, Holz zuzuschneiden.

1 **Drei Rohlinge für die Beine zuschneiden.** Sägen Sie aus 25 mm starkem Laubholz drei Leisten mit einer Breite von 38 mm und einer Länge von 535 mm zu. Die Länge muss vielleicht auf den Schirm abgestimmt werden, den Sie verwenden möchten. Falls Sie die Beine aus Restholz zuschneiden, ist das natürlich ein Pluspunkt.

2 **Eine 10°-Fase anschneiden.** Sägen Sie mit dem Schiebeschlitten oder Gehrungsanschlag und der Tischkreissäge oder mit einer Kapp- und Gehrungssäge eine Fase an einem Ende jedes Rohlings an. Dadurch wird auch festgelegt, welche Seite des Beins nach außen weist, es bietet sich also die Gelegenheit, die Fase zur interessanter gemaserten Seite hin abfallen zu lassen.

3 **6 mm von jeder Seite abnehmen.** Richten Sie eine Vorrichtung für das Schneiden von Verjüngungen ein. Nach dem ersten Schnitt muss die Vorrichtung verstellt werden, deshalb sollte man diesen Schnitt bei allen drei Beinen nacheinander ausführen, bevor man zur anderen Seite übergeht. Es sei denn, man hält sich gerne länger in der Werkstatt auf.

4 **Verjüngung kontrollieren.** Eine eher zurückhaltende Veränderung in der Breite sieht eleganter aus als ein sehr steiler Winkel. Man sollte sich eher an die Form einer Karotte halten als an die einer Eiskremwaffel.

5 Kanten an einer Seite abrunden. Legen Sie das Bein mit der 10°-Fase nach unten auf den Handoberfräsentisch und runden Sie die beiden Kanten und das schmalere Ende mit einem 3-mm-Abrundfräser ab. Das breitere Ende mit der 10°-Fase wird nicht abgerundet.

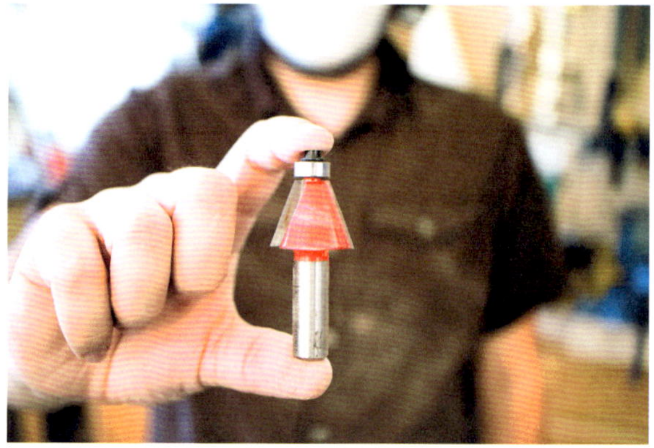

6 Einen Fasefräser mit 22° vorbereiten. Dieser Fräser hat einen 12-mm-Schaft, was ihn robuster macht, wenn man größere Mengen Verschnitt abnimmt. Um glatte Schnittflächen zu erhalten, sollte man die Schneiden sorgfältig von Harz und anderen Rückständen reinigen.

7 Handoberfräse einstellen. Drehen Sie das Bein um, sodass die 10°-Fase nach oben weist. Stellen Sie den Fasefräser so ein, dass der Anlaufring knapp unter der abgerundeten Kante anliegt.

8 Die Seiten anfasen. Auch jetzt werden nur die Seiten und das schmale Ende gefräst und das breite Ende mit der 10°-Fase ausgelassen. Wählen Sie die Vorschubgeschwindigkeit so gering, dass es nicht zu Faserausrissen kommt, aber hoch genug, um Brandspuren zu vermeiden. Ein zweiter Durchgang sorgt normalerweise für ein besonders glatte Oberfläche.

9 Spitze abrunden. Am Bandschleifer kann man schnell und leicht die Innenseite der Spitze abrunden. Eine Parabolkurve, die allmählich zur geraden Innenseite des Beins übergeht, ergibt einen guten optischen Eindruck.

10 Abrundung überprüfen. Wenn man die Abrundung sorgfältig um das Ende des Beins führt, sieht das Ergebnis ansprechend aus. In der Abbildung sieht man den Zustand vor (links) und nach (rechts) dem Abrunden.

11 Seiten schleifen. Schleifen Sie die Seiten mit einem Schleifklotz und Schleifpapier der Körnung 220 bis 400 glatt. Dadurch werden verbliebene Maschinenspuren oder Unregelmäßigkeiten entfernt, die beim Fräsen entstanden sein mögen. Außerdem sieht es für jemanden, der Ihnen bei der Arbeit zusieht, sehr beeindruckend aus.

12 Kanten schleifen. Brechen Sie die Kanten mit 220er bis 400er Schleifpapier und glätten Sie die letzten Unebenheiten. Das untere Bein in der Abbildung hat solcherart abgerundete Kanten und sieht dementsprechend eleganter aus.

13 Durchgangsloch für Kabel. Verwenden Sie einen Bohrer mit einem geringfügig größeren Durchmesser als der des Kabels, mit dem Sie die Lampe anschließen möchten. Bohren Sie im Abstand von etwa 50 mm vom unteren Ende mittig in eines der Beine ein Loch. Es bietet sich an, dafür das Bein zu wählen, dessen Maserung auf der Innenseite am interessantesten ist.

14 Bohrloch versenken. Wenn man eine flache Versenkung an der Vorder- und Rückseite des Bohrlochs einschneidet, sieht das Loch gefälliger aus.

15 Obere Platte für Dreibein schneiden. Sägen Sie an der Bandsäge eine sechseckige Scheibe aus dem gleichen Holz, das Sie auch für die Beine verwendet haben. Die Scheibe sollte etwa 75 mm breit sein, und drei alternierende Seiten (vgl. auch Fotos auf S. 57 und 58.) sollten in der Breite den oberen Enden der Beine entsprechen.

16 Mittelloch bohren. Bohren Sie an der Ständerbohrmaschine mit einem 10-mm-Bohrer ein Loch in die Mitte der Platte. Der Bohrer sollte einen geringfügig größeren Durchmesser haben als die Gewindebuchse, mit der die Lampe zusammengebaut wird.

17 Seiten der Platte schleifen. Wenn man die Seiten der Platte mit einer 10°-Fase versieht, um sie an die oberen Enden der Beine anzupassen, gibt das der Montage ein einheitliches Aussehen. Es ist aber nicht zwingend notwendig, da sie durch den Lampenschirm verborgen wird. Schleifen Sie die Seiten glatt und brechen Sie die scharfen Kanten am Bandschleifer oder manuell mit einem Stück Schleifpapier.

18 Beine provisorisch befestigen. Etwas Cyanacrylatklebstoff (Sekundenkleber) reicht vollkommen aus, um die Beine an der Platte anzubringen. Sie können auch mit Tischlerleim und Zwingen arbeiten, falls Sie zu viel Zeit haben und es gerne auf die harte Tour mögen.

19 Führungslöcher bohren. Bohren Sie mit einem 3-mm-Bohrer jeweils ein Paar Löcher durch die Platte bis in das obere Ende jedes Beins hinein. Richten Sie den Bohrer an der Neigung der Beine aus, damit er nicht an der Seite austritt. Versenken Sie die Löcher nach dem Bohren.

20 Teile zusammenschrauben. Wenn man die Führungslöcher nur in der Platte etwas ausweitet, werden die beiden Bauteile beim Zusammenschrauben nicht so leicht auseinandergedrückt.

21 Lampenfassung leicht zusammenfügen. Schrauben Sie die Gewindebuchse am Unterteil der Lampenfassung an. Achten Sie darauf, dass die beiden Teile der Fassung nicht zusammenschnappen. Stecken Sie das Ganze in das Loch in der Dreibein-Platte.

22 Loch für Zugkette markieren. Halten Sie die Zugkette locker, um zu ermitteln, wie sie auf Grund ihres Eigengewichts fällt. Kennzeichnen Sie diesen Punkt mit einem Filzstift. Wenn man die Zugkette auf diese Weise durch die Platte führt, verheddert sie sich nicht so schnell, wenn man sie unter Spannung loslässt.

23 Loch für Zugkette bohren. Verwenden Sie einen Bohrer, der groß genug ist, um die Kette ungehindert durch das Bohrloch passieren zu lassen. Wenn man das Bohrloch leicht versenkt, werden die Perlen der Kette glatt durch das Loch geführt.

24 Dreibein fertigstellen. Behandeln Sie die Oberflächen des Dreibeins mit Ihrem bevorzugten durchsichtigen Oberflächenmittel. Einige Schichten Klarlack oder Hartöl, die man mit einem Tuch aufträgt, feuern das Holz an und schützen die Lampe zugleich. Falls Sie die Lampe in einem Blockhaus in der Wildnis aufstellen möchten, können Sie natürlich auch Bärenfett verwenden.

25 Kabel verknoten. Ein Knoten wie in der Abbildung dient als Zugentlastung, falls heftig am Kabel gezogen werden sollte. Wenn Ihre Teile es zulassen, können Sie einen Knoten an der Fassung und einen im Stecker anbringen.

26 Lampenteile montieren. Die Reihenfolge, in der die Teile zusammengefügt werden, kann sich je nach Form und Ausrichtung des Lampenschirms unterscheiden. Es kann hilfreich sein, die Teile auf einem Tisch zurechtzulegen, um Irrtümern vorzubeugen.

27 Die Zugkette individueller gestalten. Nach Wunsch können Sie abschließend der Zugkette noch eine eigene Note zukommen lassen. Schneiden Sie die Kette unterhalb der Dreibein-Platte ab und verwenden Sie ein Kupplungsstück, um am Ende eine Kette mit dem Endstück Ihrer Wahl anzubringen.

Arbeiten

Wieso hört man so oft, Arbeit sei langweilig? Mit dieser Zusammenstellung von arbeitserleichternden Werkstücken dauert es nicht lange und Sie entdecken, dass Sie eigentlich fleißig wie eine Biene sind. Mit diesen nützlichen Gegenständen können Sie Ihre Kollegen (oder vielleicht nur Ihre Katze) beeindrucken und das Leben im Büro wirklich lebenswert machen.

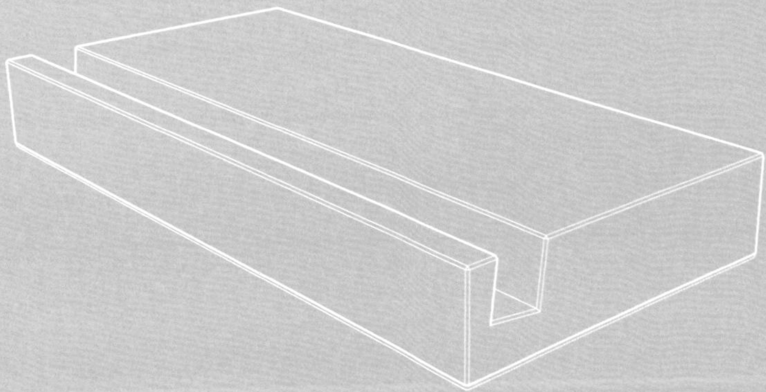

Schlichter Ständer
Seite 62

Kopfhörerhalterung
Seite 68

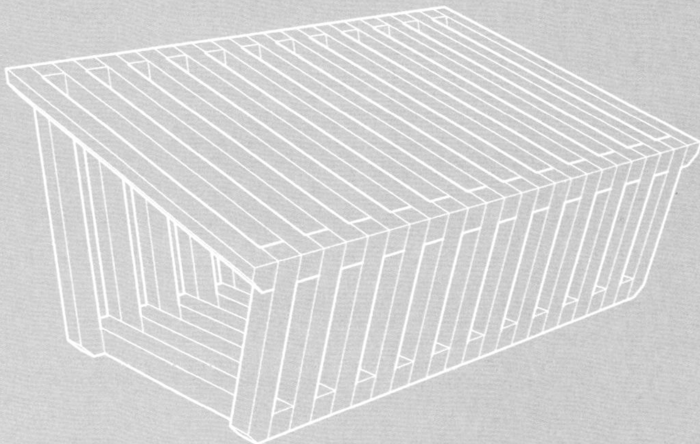

Laptop-Levitation
Seite 77

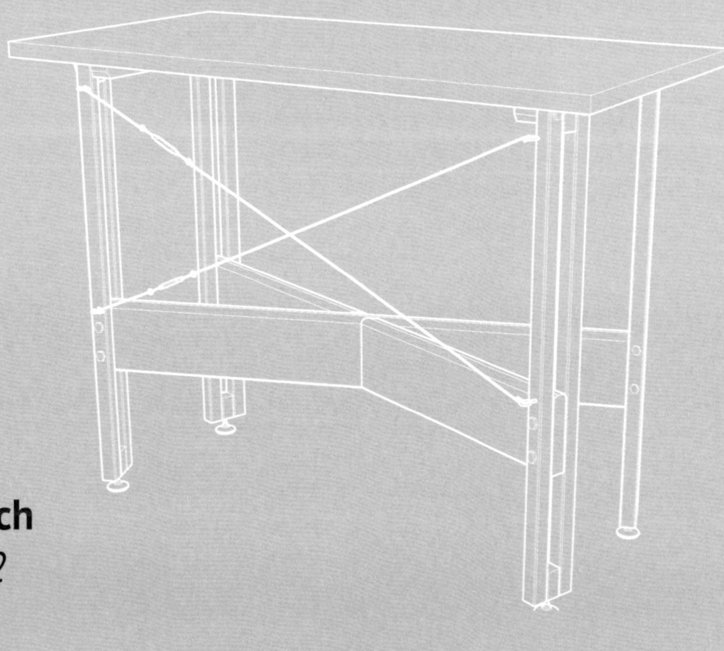

Stehtisch
Seite 82

Schlichter Ständer

Eine narrensichere Vorrichtung, die schlichter nicht sein könnte.

Überfällt Sie manchmal die Neigung, stundenlang Videoclips von Katzen anzusehen? Dieser minimalistische elegante Ständer aus Holz ist so standfest, dass man beliebig oft auf den „Wiederholen"-Knopf klicken kann, und so gut zu transportieren, dass man ihn vor einem langen Flug noch schnell in die Tasche stecken kann. Kein Schnickschnack, kein Umstand, kein aufwändiges Aufstellen. Einfach nur eine Platte mit einem Schlitz, der für den perfekten Betrachtungswinkel sorgt, damit Sie immer schnell im Bild sind – wo immer Sie auch sein mögen.

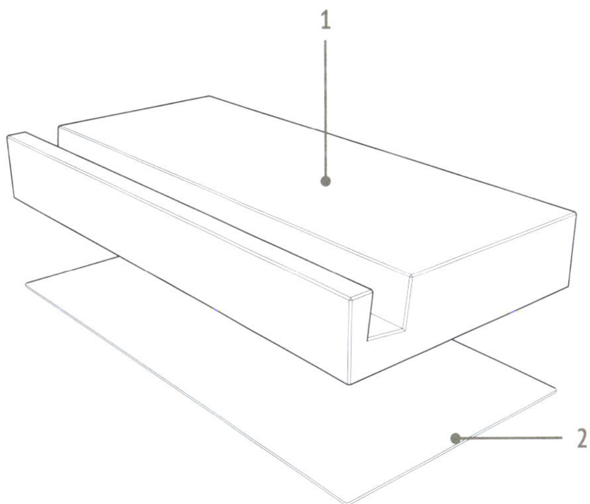

Teileliste

Nr.	Bezeichnung	Anzahl	Anmerkungen
1	Holz	1	25 mm stark
2	Selbstklebender Korkbelag	1	Passend zugeschnitten

Schwierigkeitsgrad

Leicht

Werkzeug und Material

» Tischkreissäge
» Schiebestock
» Exzenterschleifer
» Nutsägeblatt (-satz) (s. Bemerkung auf S. 67)
» Druckkämme oder Schiebestöcke
» 220er Schleifpapier
» Maßband
» Scharfes Messer
» Lineal
» Oberflächenmittel nach Wahl

Die Idee hinter der Gestaltung

Bei diesem Werkstück bewahrheitet sich das Sprichwort „Not macht erfinderisch". Der Wunsch, während der Arbeit an der Tastatur in einem bequemen Winkel auf einen Tablet-Computer blicken zu können, und der Mangel an frei zur Verfügung stehender Zeit führten zu diesem schlichten Entwurf. Mehr als ein Stück Restholz und ein klein wenig Zeit braucht man dafür nicht.

1 Holz auswählen. Der Rohling sollte gerade und etwa 25 mm stark sein. Astfreies und nicht verzogenes Holz ist sehr viel leichter zu bearbeiten. Schneiden Sie das Material an der Tischkreissäge auf Breite. Stellen Sie die Höhe des Sägeblatts so ein, dass der Zahngrund über der Holzoberfläche liegt.

2 Auf Breite schneiden. Führen Sie das Holz mit einem Schiebestock vollkommen am Sägeblatt vorbei. Drücken Sie es dabei leicht gegen den Parallelanschlag, um einen gleichmäßig geraden Schnitt zu erreichen. Sägen Sie zuerst etwas auf Übermaß und führen Sie dann einen zweiten Schnitt auf der gegenüberliegenden Seite aus, um eine glatte Kante zu erzielen.

3 Glatt schleifen. Schleifen Sie das Brett mit einer Handschleifmaschine. Exzenterschleifer liefern eine schöne Oberfläche. Je nach Güte des Ausgangsmaterials müssen Sie vielleicht mit gröberem Schleifpapier (kleinerer Körnungszahl) beginnen und sich dann bis zu etwa 220er Papier hocharbeiten.

Unterschiedliche Sägeblätter zum Nuten

Es gibt verschiedene Möglichkeiten, an der Tischkreissäge eine breite Nut zu schneiden. Den saubersten Schnitt erhält man mit einem Nutsägeblattsatz. Darauf folgt ein schräg gelagertes Sägeblatt (‚wobble blade') und schließlich das mehrfache Sägen mit einem normalen Sägeblatt. Jede Methode hat Vor- und Nachteile.

	Nutsägeblattsatz	Schräg gelagertes Sägeblatt	Normales Sägeblatt
Vorteile	» sauberer Schnitt mit ebenem waagerechten Grund » Leicht auf unterschiedliche Breiten einzustellen	» schnell aufzurüsten » preiswerter als Nutsägeblattsatz	» schnell (je nach Breite der Nut) » die preiswerteste Möglichkeit
Nachteile	» teurer	» schwierig, genaue Breite einer Nut zu erzielen » Grund der Nut nicht waagerecht » Vibrationen	» unebener Grund der Nut » erfordert aufwändige Messarbeit, um eine perfekte Nut zu erzielen

! Nutsägeblätter sind in Deutschland mittlerweile erhältlich, aber eher unüblich. Es bestehen ernsthafte Sicherheitsrisiken, außerdem müssen Sie prüfen ob ein solches Sägeblatt auf Ihre Tischkreissäge passt. Wie auch im Infokasten dargestellt ist es auch mit „normalen" Sägeblättern möglich, Nuten zu schneiden.

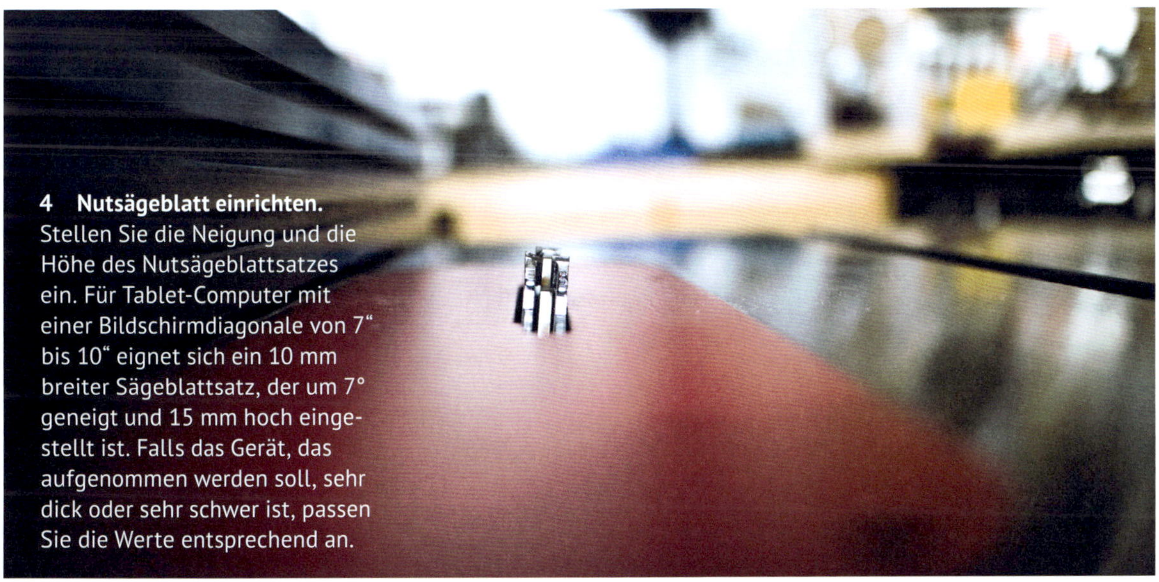

4 Nutsägeblatt einrichten. Stellen Sie die Neigung und die Höhe des Nutsägeblattsatzes ein. Für Tablet-Computer mit einer Bildschirmdiagonale von 7" bis 10" eignet sich ein 10 mm breiter Sägeblattsatz, der um 7° geneigt und 15 mm hoch eingestellt ist. Falls das Gerät, das aufgenommen werden soll, sehr dick oder sehr schwer ist, passen Sie die Werte entsprechend an.

5 Schnitt ausführen. Verwenden Sie Druckkämme, falls Sie darüber verfügen. Greifen Sie sonst auf zwei Schiebestöcke oder Schiebeklötze für die Tischkreissäge zurück, um das Holz sicher über das Nutsägeblatt zu führen.

6 Schnitt kontrollieren. Mit einem Nutsägeblatt wird sehr viel mehr Holz abgenommen als mit einem normalen Sägeblatt. Das bedeutet wiederum, dass dem Sägeblatt ein größerer Widerstand entgegengesetzt wird und das Material deshalb fester gehalten und langsamer am Sägeblatt vorbeigeführt werden muss. Falls Sie bei Prüfung des Schnitts Unregelmäßigkeiten feststellen, schneiden Sie ihn nach.

7 Kanten brechen. Brechen Sie die scharfen Kanten leicht mit 220er Schleifpapier. Dadurch wird das Werkstück angenehmer zu handhaben. Je früher man die Kanten bricht, desto geringer wird die Wahrscheinlichkeit, Bekanntschaft mit einem Splitter zu machen.

8 Messen und anreißen. Legen Sie die Maße des Gerätes zugrunde, das Sie in dem Ständer verwenden möchten. Bei Tablet-Computern ist die Breite des hochkant stehenden Geräts eine gute Wahl.

9 Auf Breite schneiden. Richten Sie den Schnitt an der Außenseite des Sägeblatts aus. Sägen Sie vorsichtig, um Faserausrisse an der Nut zu reduzieren. Der Schnitt kann mit der Tischkreissäge oder einer Handsäge ausgeführt werden.

10 Hirnholz nach dem Sägen schleifen. Es kann am Schnitt zu Faserausrissen kommen. Schleifen Sie die Kanten und versuchen Sie dabei, keine langen Fasern aus dem Holz zu ziehen.

11 Umriss übertragen. Legen Sie das Holz auf den Korkbelag und übertragen Sie den Umriss mit einer geringen Zugabe. Falls Graphit auf das Holz gelangt, können Sie es leicht abschleifen. Schneiden Sie den Kork mit einem scharfen Messer an einem Lineal entlang. Achten Sie darauf, die Finger nicht in die Schnittlinie zu bringen. Mehrere leichte Schnitte sind sicherer als ein kräftiger.

12 Korkbelag anbringen. Ziehen Sie die Folie von der Rückseite ab, und legen Sie das Holz vorsichtig auf die Klebstoffschicht. Drücken Sie kräftig auf das Holz, um eine gute Klebeverbindung sicherzustellen. Schneiden Sie den überstehenden Kork sorgfältig ab. Bewegen Sie das Messer dabei vorsichtig am Holz entlang. Wenn man in einem flachen Winkel schneidet, verringert das die Gefahr, Korkstücke auszureißen.

13 Abschließend bearbeiten. Prüfen Sie die Kanten auf überstehenden Kork und Klebstoffreste. Brechen Sie alle verbliebenen scharfen Kanten mit Schleifpapier. Tragen Sie ein Oberflächenmittel Ihrer Wahl auf. Bei diesem Werkstück kann das zum Beispiel ein Klarlack sein, den man mit dem Tuch aufträgt oder als Sprühlack verwendet. Wer eine offene Oberfläche bevorzugt, nimmt ein Hartöl.

Kopfhörer-halterung

Hier hängt der Kopfhörer sicher.

Auch die Besten unter uns müssen gelegentlich eine Pause vom Rock einlegen. Das sind die Zeiten, in denen man sich auf diese unauffällige und doch elegante Halterung verlassen kann, um schnell den Kopfhörer zu verstauen, bis es wieder Zeit ist, die Lautstärke hochzufahren. Die Halterung lässt sich gleichermaßen gut in einem Regal oder unter der Schreibtischplatte anbringen.

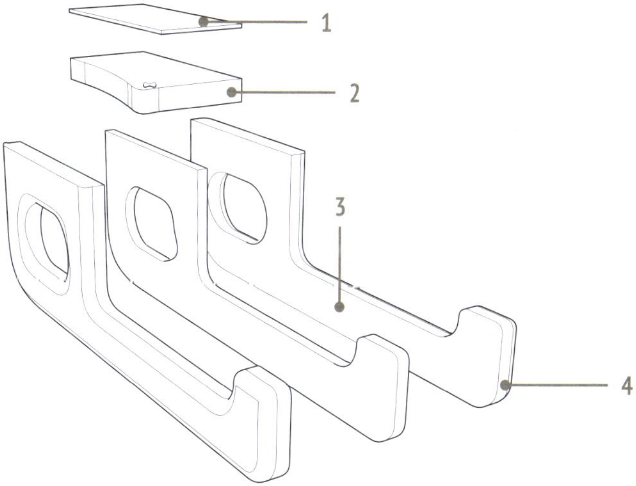

Teileliste

Nr.	Bezeichnung	Anzahl	Anmerkungen
1	Stark haftendes doppelseitiges Klebeband	1	25 mm stark
2	Befestigungsplatte	1	30 mm breit x 55 mm lang
3	Außenlagen für Haken	2	6 x 50 x 150 mm
4	Innenlage für Haken	1	3 x 50 x 150 mm

Schwierigkeitsgrad

Leicht

Werkzeug und Material

- » Tischkreissäge mit Tischeinlage
- » Kombiwinkel
- » Schiebestock und Druckkamm
- » Bandschleifmaschine oder Schleifklotz
- » Holzleim und Pinsel
- » Zwingen
- » Schablonenvorlagen über den Buchcode, S. 2
- » Sprühklebstoff
- » Ständerbohrmaschine mit 20-mm-Forstnerbohrer
- » Bandsäge
- » Spindelschleifmaschine
- » Handoberfräsentisch
- » 3-mm-Abrundfräser
- » 220er Schleifpapier
- » Oberflächenmittel nach Wahl

Die Idee hinter der Gestaltung

Die Kopfhörerhalterung ist von hochwertigen Küchenmessern inspiriert, deren Klingen aus mehreren Stahllagen bestehen. Hier sorgt die Innenlage für Stabilität, während die Außenlagen das nötige Volumen liefern.

1 Das Auftrennen des Materials vorbereiten. Die dünnen Lagen für den Haken werden aus stärkeren Brettern zugesägt, die man auftrennt. Die Bretter sind 50 mm breit und 300 mm lang, die Lagen 3 mm bzw. 6 mm stark. Stellen Sie das Sägeblatt auf etwas mehr als die Hälfte der Breite der Bretter ein.

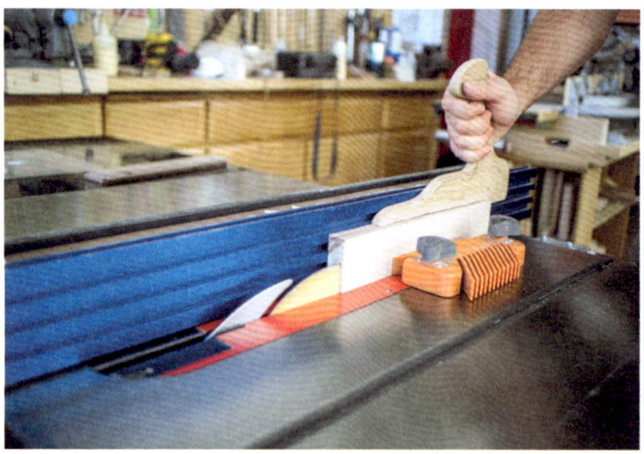

2 Den ersten Schnitt ausführen. Stellen Sie den Parallelanschlag so ein, dass Sie die 3 mm starke Innenlage abtrennen können. Verwenden Sie auf jeden Fall einen Schiebestock und möglichst auch einen Druckkamm.

3 Den zweiten Schnitt ausführen. Drehen Sie das Brett kopfüber und sägen Sie die zweite Hälfte durch. Eine Tischeinlage für den Arbeitstisch ist dafür sehr zu empfehlen, damit der Durchlass für das Sägeblatt soweit verringert wird, dass die abgetrennten Stücke nicht in die Säge hineinfallen können.

4 Den Schnitt prüfen. Wenn Ihre Tischkreissäge gut instand gehalten ist, sollte der Schnitt fast perfekt sein. Falls die beiden Teilschnitte nicht genau in einer Ebene liegen, werden die Flächen mit einer Bandschleifmaschine oder einem Schleifklotz angeglichen. Sägen Sie aus kontrastierenden Holzarten zwei Brettchen mit 6 mm Stärke für die Außenlagen und eines mit 3 mm Stärke für die Innenlage zu.

5 Leim angeben. Verteilen Sie eine dünne Schicht Tischlerleim auf einer Seite der Außenlage und der Innenlage. Das beste Ergebnis erzielen Sie, wenn Sie die gesamte Fläche bedecken.

6 Die Stücke aufeinanderstapeln. Legen Sie die beleimten Flächen aufeinander und wiederholen Sie das Verfahren für die obere Außenlage. Versuchen Sie, keinen Leim auf die Außenflächen des Holzes gelangen zu lassen, um das Säubern nach dem Trocknen des Leims zu erleichtern.

7 Zusammenspannen. Setzen Sie die Zwingen so an, dass der Druck gleichmäßig verteilt wird, und achten Sie darauf, dass sich die Holzlagen nicht gegeneinander verschieben. Der Leim verhält sich wie ein Schmiermittel, sodass dies leicht passieren kann, wenn man die Zwingen etwas schief ansetzt. Lassen Sie die Montage je nach Umweltbedingungen zwischen zwei und zwölf Stunden trocknen.

8 Verleimung kontrollieren. Die verleimten Holzlagen sollten dicht aufeinander liegen und eben geblieben sein. Ausgetretener Leim muss nicht entfernt werden, falls er nicht dafür sorgt, dass das Werkstück bei den folgenden Schritten nicht ganzflächig auf die Arbeitstische der Maschinen gelegt werden kann.

9 Schablone anbringen. Zeichnen Sie eine Schablone oder laden Sie über den Buchcode auf S. 2 die Zeichnung herunter und befestigen Sie sie mit dünn aufgesprühtem Klebstoff am Werkstück. Falls Sie den Haken nicht am Computer gestalten möchten, können Sie den Umriss auch ohne Weiteres mit Bleistift direkt auf das Holz zeichnen. Achten Sie lediglich darauf, dass am oberen Ende eine etwa 50 mm lange gerade Kante verbleibt, um die Befestigungsplatte anzubringen.

10 Löcher bohren. Bohren Sie den Durchlass für das Kopfhörerkabel mit einem 20-mm-Forstnerbohrer. Es bietet sich an, die Mittelpunkte für mehrere Bohrungen zu kennzeichnen, um das längliche Loch zu erhalten. Wenn die beiden Bohrungen waagerecht fluchten, muss man später nicht so viel nachschleifen.

11 Umriss aussägen. Wenn man so dicht wie möglich am gezeichneten Umriss entlang sägt, spart man sehr viel Zeit bei der Nachbearbeitung. An der Bandsäge erhält man die besten Ergebnisse durch langsamen stetigen Vorschub. Man kann zu diesem Zeitpunkt auch gleich die Befestigungsplatte aussägen, die länger und breiter als die obere Fläche des Hakens sein sollte.

12 Innenkanten und -flächen schleifen. Für diese Arbeit eignet sich eine Spindelschleifmaschine am besten, man kann aber auch auf eine Schleifwalze in der Ständerbohrmaschine zurückgreifen. Lassen Sie sich Zeit, damit die Oberflächen schön glatt werden.

13 Außenkanten und -flächen schleifen. Führen Sie das Werkstück mit festem Griff, aber sanftem Druck über die Bandschleifmaschine, um verbliebene Unregelmäßigkeiten an den Außenkanten zu entfernen. Halten Sie das Stück in dauernder rollender Bewegung, wenn Sie die gebogenen Stellen am Umfang bearbeiten.

14 Obere Fläche des Hakens eben schleifen. Achten Sie darauf, dass die obere Kante senkrecht zu den Seitenflächen steht. Für diesen Arbeitsschritt kann man auch sehr gut eine stationäre Tellerschleifmaschine verwenden. Schleifen Sie auch die Kanten der oberen Fläche.

15 Handoberfräsentisch aufrüsten.
Setzen Sie einen 6-mm-Abrundfräser ein. Die Höhe des Fräsers sollte genau so eingestellt werden, dass die Abrundung unten genau mit der Oberfläche des Arbeitstischs fluchtet.

16 Kanten abrunden. Runden Sie an beiden Seiten die Kanten des Hakens und die Innenkanten des Kabeldurchlasses ab. Arbeiten Sie am Handoberfräsentisch besonders vorsichtig. Fräsen Sie immer gegen die Drehrichtung des Fräsers, um ein Rückschlagen des Werkstücks zu vermeiden.

17 Für die Oberflächenbehandlung vorbereiten. Nehmen Sie Bearbeitungsspuren vom Handoberfräsentisch mit 220er Schleifpapier ab. Schleifen Sie in Faserrichtung, um Kratzer zu vermeiden. Leimen Sie die Befestigungsplatte an. Sie können an der vorderen Ecke ein Schraubenloch bohren, falls Sie einen sehr schweren Kopfhörer aufhängen möchten.

18 Oberflächenmittel auftragen. Verwenden Sie Ihr bevorzugtes Oberflächenmittel, um das Holz zu versiegeln und zu schützen. Für dieses Werkstück ist ein klarer (Sprüh-) Lack entweder wasserverdünnbar auf Acryl-Basis oder ein Alkydharzlack (Kunstharzlack) sehr gut geeignet. Lassen Sie den Lack gut trocknen, bevor Sie fortfahren. Unter Umständen müssen Sie die Kopfhörerhalterung nach dem Trocknen umdrehen und von der anderen Seite lackieren.

19 Die Kopfhörerhalterung anbringen. Schneiden Sie ein Stück stark haftendes doppelseitiges Klebeband auf Maß und bringen Sie es auf der Befestigungsplatte an. Halten Sie zur Probe einen Kopfhörer an die vorgesehene Stelle, um sich vorstellen zu können, wo die Halterung angebracht werden sollte. Üben Sie kräftigen Druck auf das Klebeband aus, bevor Sie die Halterung unter einer Schreibtischplatte oder einem Regalbrett anbringen.

MacBook Air

Laptop-Levitation

Den Laptop anheben, um bequemer arbeiten zu können.

Sind Sie mit einem riesigen Laptop und einem winzigen Schreibtisch gesegnet? Feuchten Sie Ihre Schreibtischplatte regelmäßig mit verschüttetem Kaffee an? Dann ist ein Laptop-Stand genau das, was Ihnen fehlt. Indem Sie Ihren Computer anheben, schaffen Sie Stauraum und bringen den Bildschirm zugleich auf eine ergonomische Sichthöhe.

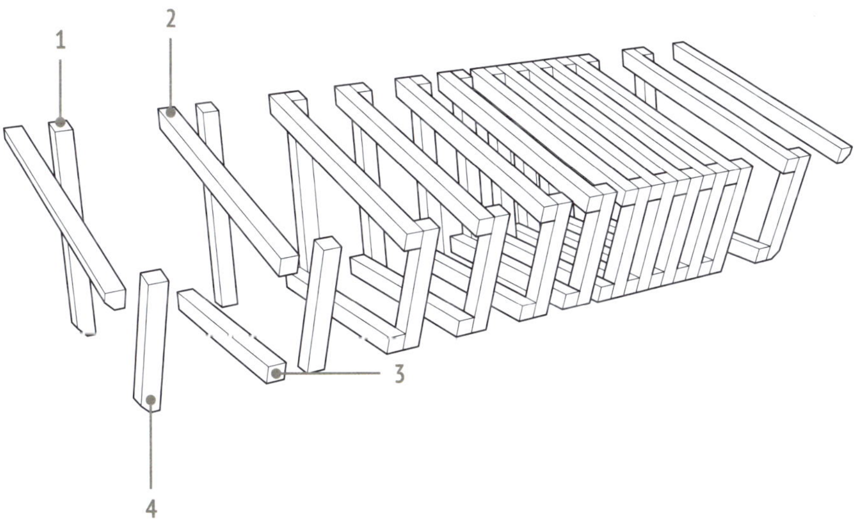

Teileliste

Nr.	Bezeichnung	Anzahl	Anmerkungen
1	Hintere Leisten	12	12 x 12 x 145 mm
2	Obere Leisten	13	12 x 12 x 200 mm
3	Untere Leisten	11	12 x 12 x 150 mm
4	Vordere Leisten	12	12 x 12 x 95 mm

Schwierigkeitsgrad

Leicht

Werkzeug und Material

- Schablonenvorlagen über den Buchcode auf S. 2
- Tischkreissäge
- Schiebestock
- Stoppklotz
- Zwingen
- Holzleim
- Tellerschleifmaschine oder Schleifklotz
- Bandschleifmaschine oder Schleifklotz

Die Idee hinter der Gestaltung

Der schlichte Stand entsteht durch die Aneinanderreihung von Leisten unterschiedlicher Länge. Da die Struktur aus einem sich wiederholenden Muster besteht, ist es einfach, den Entwurf für Geräte unterschiedlicher Größe abzuwandeln. Man verwendet einfach längere Leisten oder erhöht ihre Zahl, um einen größeren Computer unterzubringen.

1 Die Leisten auf Breite und Stärke zuschneiden. Sägen Sie an der Tischkreissäge das Material für alle Leisten auf Breite und Stärke. Ich habe mich für eine Breite von 12 mm entschieden. Verwenden Sie aus Sicherheitsgründen einen Schiebestock.

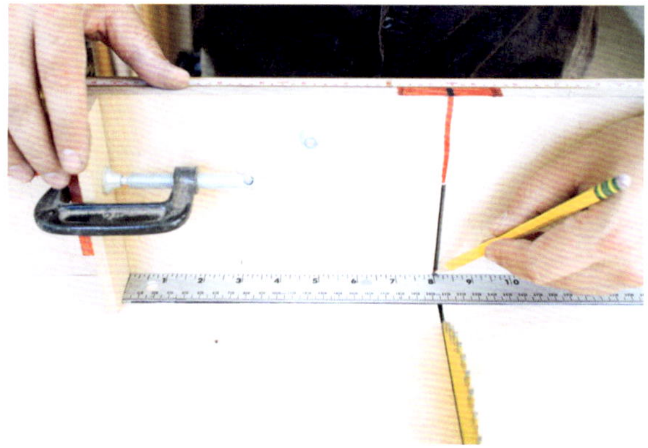

2 Die Länge einstellen. Verwenden Sie einen Abläng-schlitten oder Gehrungsanschlag, um die hinteren Leisten auf Länge zu schneiden. Bringen Sie zuerst einen Stoppklotz in der gewünschten Entfernung an.

3 Die Schnitte ausführen. Legen Sie das Material gegen den Stoppklotz und sägen Sie die Enden rechtwinklig zu. Verstellen Sie dann die Länge und schneiden Sie die restlichen Teile auf die gleiche Weise.

4 Mit der Zeichnung arbeiten. Wenn man die fertige Form auf einer Vorlagenzeichnung sieht, ist es einfacher, bei der Arbeit die Teile geordnet zu halten.

5 **Verleimen.** Geben Sie einen Tropfen Leim an jede Verbindung und verleimen Sie jeweils vier Leisten zu einem Rahmen.

6 Winkel ignorieren. Montieren Sie die Teile mit rechtwinkligen Enden zusammen, anstatt die Enden im Winkel zuzuschneiden. Der Überstand wird nach dem Verleimen abgeschliffen.

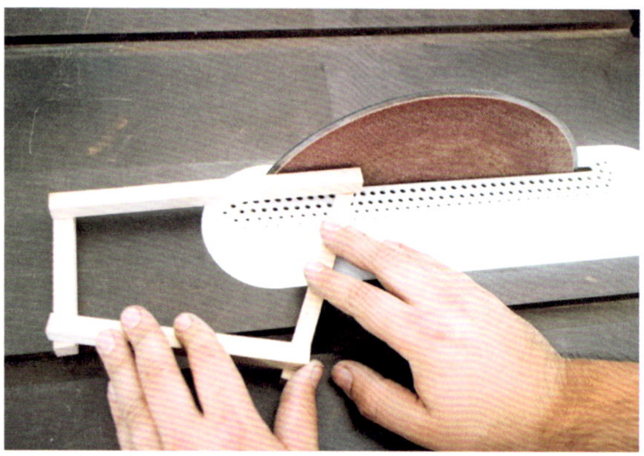

7 Überstände abschleifen. An der Tellerschleifmaschine oder mit dem Schleifklotz sind die Winkel an den Enden der Leisten schnell entfernt.

8 Die Seiten glätten. Wenn der Überstand an den Verbindungen entfernt worden ist, werden an der Bandschleifmaschine oder mit einem großen Schleifklotz die Seiten der Leisten glatt geschliffen.

9 Übereinander stapeln. Bauen Sie den Stand zusammen, indem Sie jeweils einen Tropfen Leim an die Verbindungsstellen geben und die Rahmen übereinander stapeln. Wenn der Stapel vollendet ist, wird er oben etwas beschwert, damit alles an Ort und Stelle bleibt, während der Leim trocknet.

10 Zusätzliche Leisten anbringen. Wenn der Stand verleimt ist, wird an der Oberseite rechts und links jeweils eine zusätzliche Leiste angebracht.

11 Verputzen. Mit etwas Schleifen wird ausgetretener Leim entfernt und eventuell hochstehende Stellen werden abgeschliffen.

12 Kanten brechen. Wenn man den Stand hochhebt, möchte man keine scharfen Kanten spüren. Fasen Sie an der Tischkreissäge mit zwei schnellen Schnitten die Unterkanten der Endleisten an der Oberseite an.

Stehtisch

Im Stehen arbeiten entlastet den Rücken.

Tun Sie Ihrem Rücken einen Gefallen und bauen Sie sich einen Stehtisch. Medizinische Untersuchungen an den Hinterteilen vieler Menschen haben gezeigt, dass man gesund wie ein Pferd bleibt, wenn man einen Teil des Tages steht. Das Arbeiten im Stehen fühlt sich gut an und verlängert Ihre Lebensdauer vielleicht sogar um einige Jahre. Wer möchte schließlich nicht ein paar Jahre mehr haben, um die Kinder anzuschreien, die über den Rasen im Vorgarten laufen?

Teileliste

Nr.	Bezeichnung	Anzahl	Anmerkungen
1	Türblatt mit vollem Kern	1	35 x 760 x 1500 mm
2	Anleimer für Tischplattenkanten	2	6 x 35 x 760 mm
3	Sechskantschrauben und Unterlegscheiben	8	6 x 75 mm
4	Schraubösen	4	30 mm lang
5	Beine aus Mammutbaumholz	8	35 x 35 x 1050 mm
6	Abstandhalter für Beine	8	35 x 35 x 150 mm
7	Rollen oder Füße mit passenden T-Muttern	4	10 mm Gewindedurchmesser
8	Stahlstangen (2 von jeder Größe)	4	3 x 1000 mm & 3 x 250 mm
9	Spannschlösser	2	75 mm
10	Sechskantschrauben und Unterlegscheiben	8	10 x 150 mm
11	Schrauben	14	60 mm
12	Auflageleisten	2	38 x 85 x 610 mm
13	Kreuzträger aus Douglasie	2	38 x 150 x 200 mm
14	Drahtstifte	8	25 mm

Schwierigkeitsgrad

Fortgeschritten

Werkzeug und Material

- Tischkreissäge mit Gehrungsanschlag
- Holzleim
- Zwingen
- Dicktenhobelmaschine
- (Schablonenvorlagen über den Buchcode, S. 2)
- Schraubstock
- Bohrmaschine mit 3-mm- und 10-mm-Bohrern
- Kreuzschlitzschraubendreher
- Kleines Reststück Gummi (optional)
- Schraubenschlüssel
- Kombiwinkel
- Bandmaß
- Fuchsschwanz
- Stechbeitel und Klüpfel
- Hammer
- Dübelsäge oder Rückensäge
- Schleifklotz oder Hirnholzhobel
- Oberflächenmittel nach Wahl

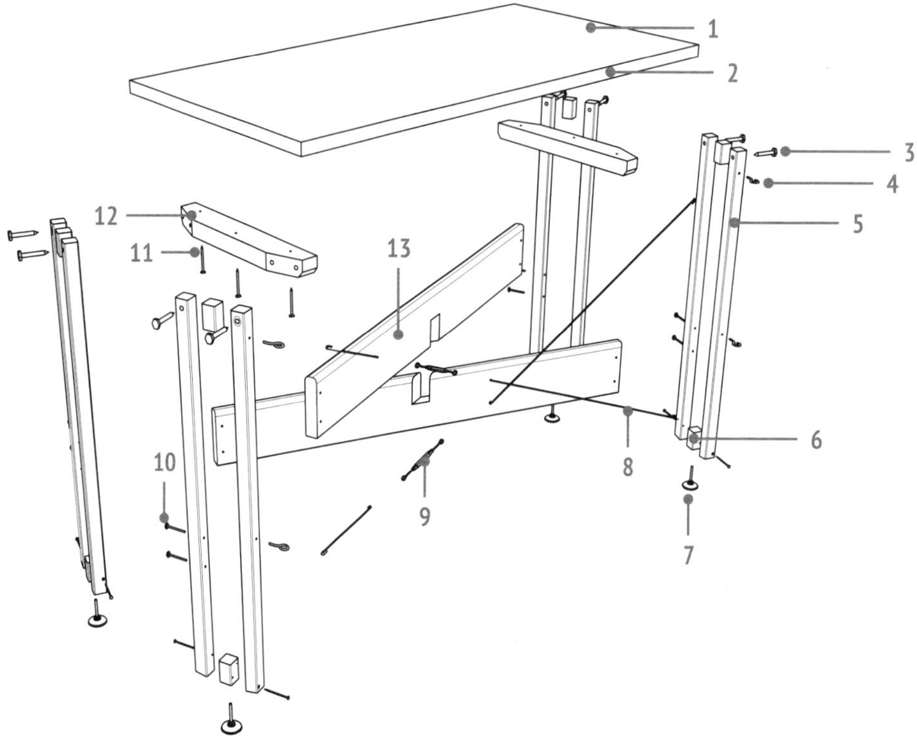

Die Gestaltung

Die Standardversion, deren Bau hier beschrieben wird, hat 1050 mm lange Beine. Wenn man jedoch für eine bestimmte Person – sich selbst oder jemanden anderen – baut, sollte man die Beinlänge anhand der Ellbogenhöhe des Benutzers festlegen: Die Tischplatte sollte in Höhe des Ellbogens oder etwas darunter sein, wenn man am Tisch steht.

Die kräftigen Tischbeine und das als Kreuz ausgeführte Untergestell sorgen für optische und physikalische Stabilität des Tischs. Auf dem Untergestell kann man auch die Füße stützen, falls man an einem hohen Stuhl am Tisch sitzt. So eignet sich der Schreibtisch gleichermaßen für das Arbeiten im Stehen wie im Sitzen.

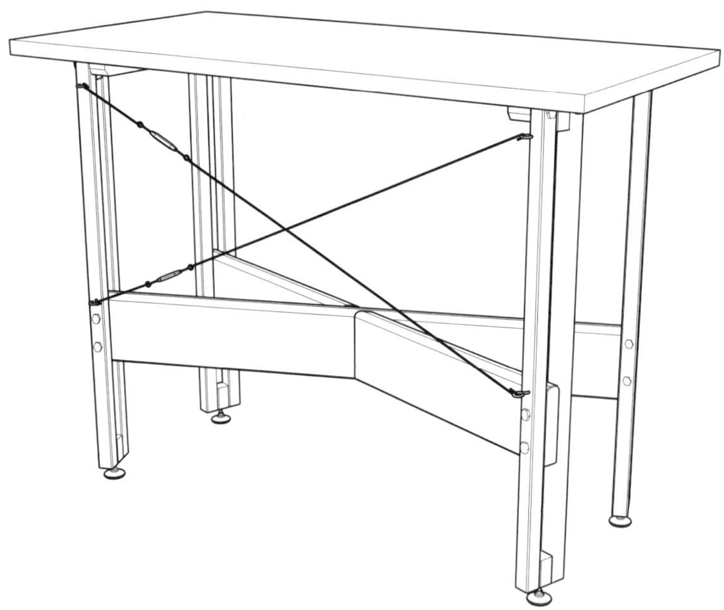

1 **Beine vorbereiten.** Schneiden Sie das Material für die Beine und die Abstandshalter auf Länge. Legen Sie die Teile dann zu Montageeinheiten zusammen: Jeweils zwei Beine und zwei kurze Abstandshalter ergeben eine Beineinheit.

2 **Hirnholz anfasen.** Fasen Sie die Kanten an den Enden jedes Stücks mit dem Schleifklotz oder Hirnholzhobel auf 45° an.

3 **Beine zusammenbauen.** Geben Sie eine dicke Schicht Leim auf die zusammengehörigen Verbindungsflächen und setzen Sie Zwingen an, um die Beine zusammenzuziehen. Man kann alle vier Beine in einem Zug verleimen, muss allerdings darauf achten, nicht versehentlich zwischen die einzelnen Beine Leim anzugeben.

4 **Kreuzträger vorbereiten.** Die Kreuzträger des Untergestells sorgen für die konstruktive Belastbarkeit und halten alles im rechten Winkel. Sorgen Sie für saubere Seitenflächen, indem Sie das Material zuerst durch den Dicktenhobel schicken.

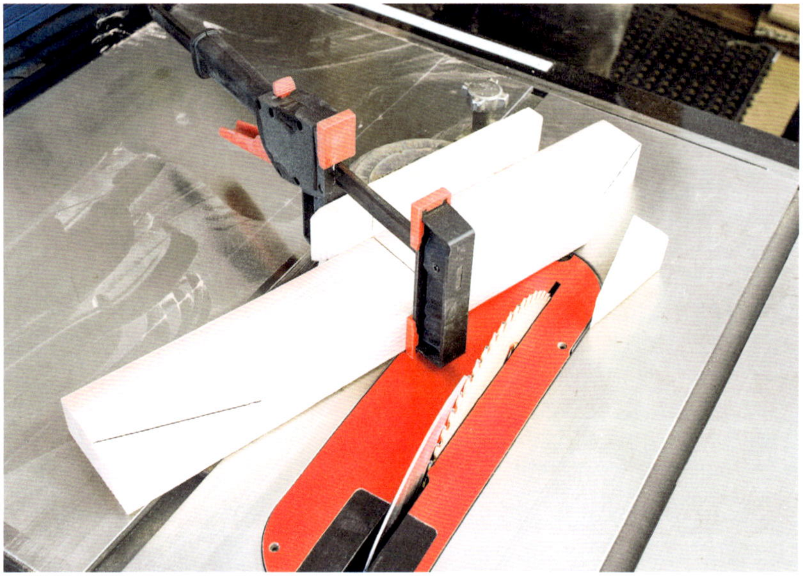

5 Die Enden formen. Die Beine werden an Auflageleisten befestigt, an deren Enden breite Schrägen angeschnitten sind, die der Breite der Beine entsprechen. Um die Schrägen anzuschneiden, stellt man den Gehrungsanschlag der Tischkreissäge auf einen spitzen Winkel ein und vergewissert sich, dass das Werkstück sicher am Anschlag festgespannt ist. (Schablonenvorlagen für Schreibtische unterschiedlicher Größe finden sich über den Buchcode auf S.2)

6 Kleine Details machen einen großen Unterschied. Schneiden Sie die Enden der Beine an der Kapp- und Gehrungssäge oder der Tischkreissäge im Winkel an, um ihnen ein eleganteres Aussehen zu verleihen.

7 Mit Schrauben verstärken. Ich habe diese Schreibtische früher zum Verkauf gebaut und deshalb die Schrauben eingedreht, bevor der Leim trocken war, und so die Konstruktion verstärkt und gleichzeitig die Verleimung zusammengezogen. Diesen Schritt kann man auch auslassen, da die Verleimung alleine vermutlich schon ausreicht.

8 Löcher für Möbelrollen bohren. Spannen Sie die Beine mit den unteren Enden in einem Schraubstock ein und bohren Sie Löcher als Aufnahme für die Gewindebuchsen der Möbelrollen.

9 Gewindebuchsen anbringen. Die Gewindebuchsen werden mit Schrauben an der Standfläche der Tischbeine befestigt.

Stellfüße oder Möbelrollen?

Ob man Stellfüße oder Möbelrollen an den Beinen anbringt, hängt vor allem davon ab, wie man den Schreibtisch nutzen wird. Wenn der Tisch einen festen Platz an einer bestimmten Stelle finden wird, sind Füße die stabilere Lösung. Falls der Tisch als mobiler Arbeitsplatz im Büro mal hier, mal dort verwendet werden soll, bieten sich Möbelrollen an. Die Befestigung ist im Wesentlichen gleich.

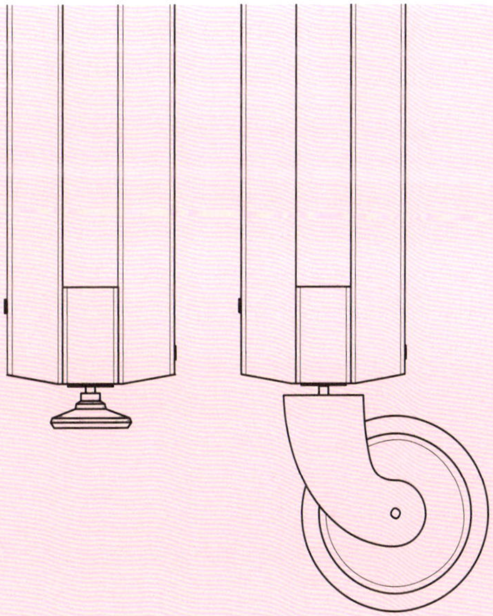

10 Die Beine anbringen. Die Beine werden an den Schrägen der Auflageleisten angebracht. Eine Zulage, in die der entsprechende Winkel eingeschnitten worden ist, hilft beim Einspannen der Beine. Wenn man ein Stück Gummi (Fahrradschlauch) an der Zulage anbringt, erhöht das die Haftung.

11 Alles absichern. Sorgen Sie dafür, dass die Beine rechtwinklig an den Auflageleisten sitzen. Spannen Sie zuerst ein Bein senkrecht in einem Schraubstock ein. Spannen Sie dann die Leiste mit Zwingen daran fest und kontrollieren Sie die Rechtwinkligkeit mit einem Tischlerwinkel. Drehen Sie einige Schrauben ein, um die Montage zu sichern.

12 Montage der Tischplatte vorbereiten. Bohren Sie einige Führungslöcher in die Auflageleisten. Sie nehmen die Schrauben auf, mit denen die Tischplatte an den Auflageleisten befestigt wird.

13 Lage des Untergestells anreißen. Die Kreuzträger des Untergestells werden in den Schlitz zwischen den Längsstücken der Beine eingeschoben. Markieren Sie ihre Lage etwa 700 bis 750 mm unterhalb des Punktes, an dem sich die Oberfläche der Schreibtischplatte befinden wird. So befindet sich das Untergestell in normaler ‚Fußbodenhöhe' unterhalb der Tischplatte, wenn man es angebracht hat.

14 Die Kreuzträger anbringen. Legen Sie einen Kreuzträger in die Beine ein und spannen Sie ihn mit Zwingen fest. Bohren Sie dann Führungslöcher und drehen Sie einige Sechskantschrauben ein.

15 Kreuzträger zusammenbringen. Wenn Sie so den einen Kreuzträger angebracht haben, stellen Sie den zweiten hochkant darauf. Übertragen Sie dann die Lage der Seiten auf das jeweilige Gegenstück.

16 Aussägen. Reißen Sie auf beiden Kreuzträgern die halbe Höhe an. Sägen Sie dann an den angerissenen Senkrechten bis zu dieser Markierung.

17 Verschnitt entfernen. Entfernen Sie mit Stechbeitel und Klüpfel an jedem Kreuzträger den Verschnitt zwischen den beiden Sägeschnitten.

18 Zusammenstecken. Schieben Sie den zweiten Kreuzträger in die Schlitze der Beine oberhalb des ersten Trägers, den Sie bereits befestigt haben. Schieben Sie die Kreuzträger zusammen. Arbeiten Sie die Passung nötigenfalls mit einem Stechbeitel nach. Befestigen Sie dann den zweiten Kreuzträger mit Sechskantschrauben.

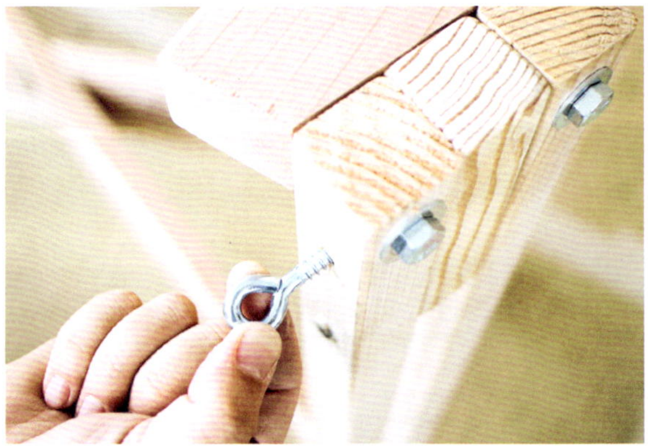

19 Gestell verstärken. Das Tischgestell wird mit Stahlstangen und Spannschlössern stabilisiert und im rechten Winkel gehalten, die zwischen den Beinen angebracht werden. Die Haken an den Stahlstangen werden in Schraubösen eingehängt, die man in die Beine eindreht.

20 Stahlstangen anbringen. Befestigen Sie die Stahlstangen mit den Spannschlössern am Gestell. Ziehen Sie sie fest an, erhöhen Sie die Spannung jedoch nicht so sehr, dass sich das Gestell verzieht.

21 Anleimer an der Schreibtischplatte anbringen. Man kann fast jede kräftige ebene Fläche als Tischplatte verwenden. Hier wird ein Türblatt verwendet, das an der Tischkreissäge auf Länge geschnitten wurde. Laubholzanleimer an den Sägekanten sorgen für ein sauberes Aussehen.

22 Anleimer sichern. Mehr als Leim und einige Drahtstifte sind nicht nötig, um die Umleimer sicher zu befestigen.

23 Anleimer verputzen. Sägen Sie die Enden der Anleimer mit einer Dübelsäge oder Rückensäge bündig ab und schleifen Sie die Schnittflächen nach.

24 Tischplatte anbringen. Die Tischplatte wird mit einigen Sechskantschrauben befestigt, die man durch Bohrungen in den Auflageleisten dreht. Tragen Sie abschließend ein Oberflächenmittel nach Wahl auf oder belassen Sie das Holz roh.

Kleiner Klapptisch

Mit einem kleinen Klapptisch, den man bei Bedarf auf einen normalen Schreibtisch stellt, kann man die Vorteile eines Stehtischs genießen, ohne sich gleich auf ein Exemplar in voller Größe einlassen zu müssen. Das Werkstück ist ein Beispiel für eine Arbeit, die man gut an einem einzigen Nachmittag bewältigen kann und für die man nicht mehr als etwas 20-mm-Sperrholz, einige Schrauben und zwei Klavierbänder benötigt. Die Beine sind mit 18° ausgestellt, um den Tisch stabiler zu machen, und lassen sich unter die Platte klappen, wenn man das Tischlein nicht verwendet.

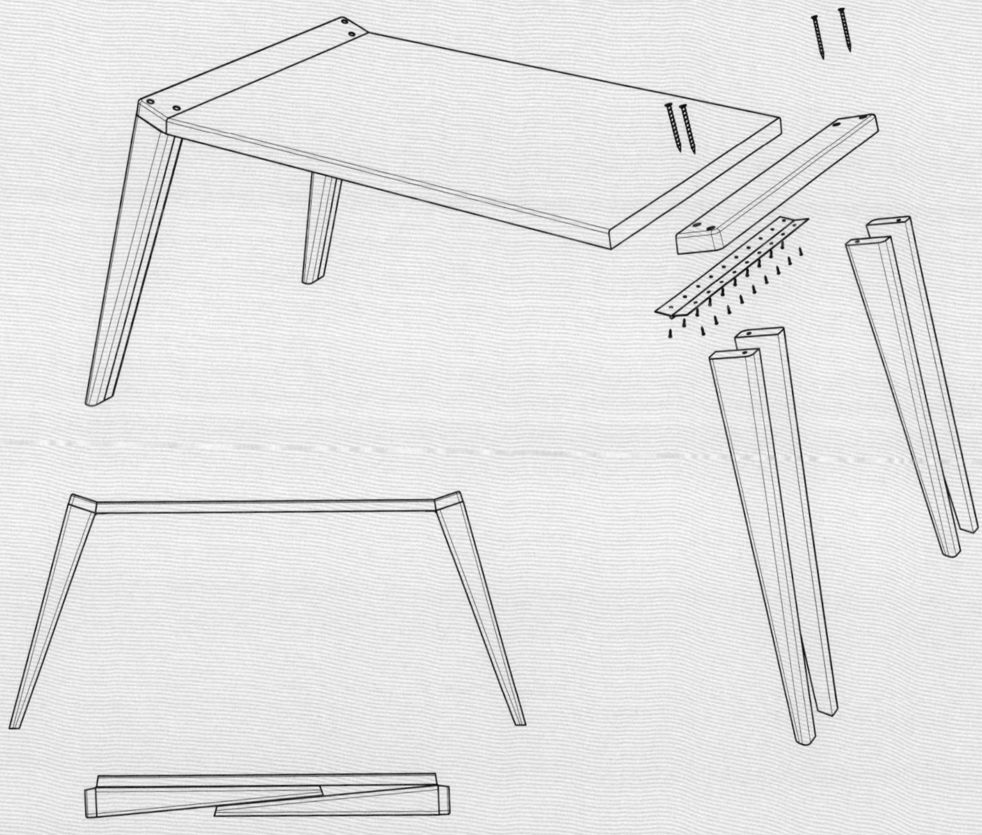

Spielen

„Geh nach draußen spielen", das hört man heutzutage, im Zeitalter der Videospiele, immer seltener. Setzen Sie sich wieder den Verlockungen der wilden Natur aus, geben Sie dem Wunsch nach, den Wind in Ihren Haaren zu spüren, riskieren Sie es wieder, sich die Knochen zu brechen. Wenn Sie diese verspielten Werkstücke nachbauen, dann sind Sie garantiert wieder eins mit der natürlichen Umwelt.

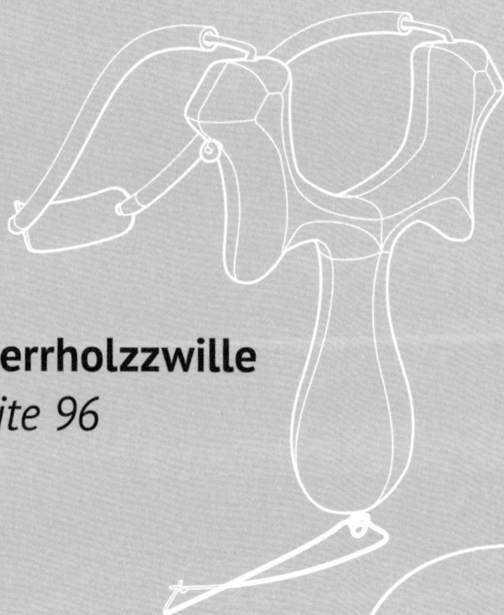

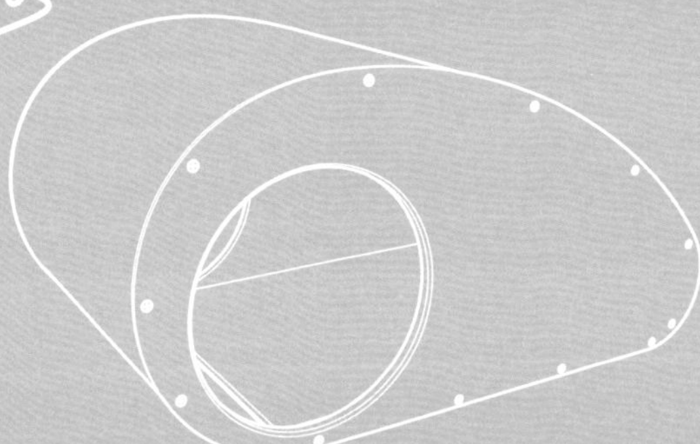

Bierträger
Seite 126

Hochgarage für das Fahrrad
Seite 138

Sperrholz-zwille

Da lebt der Rebell in Ihnen wieder auf!

Dennis the Menace mag zwar ein echter Gangster im Umgang mit der Zwille sein, aber seiner einfachen Astgabel fehlten alle modernen Merkmale, die dieses ultra-individuelle, ultra-präzise Modell auszeichnen. Die subtilen Sperrholzkurven so zu formen, dass sie perfekt in Ihrer Hand liegen, wird immer eines der besten Erlebnisse Ihres Lebens bleiben. (Seien Sie aber vorsichtig, und zielen Sie dann nur auf Zielscheiben oder Tischtennisbälle.)

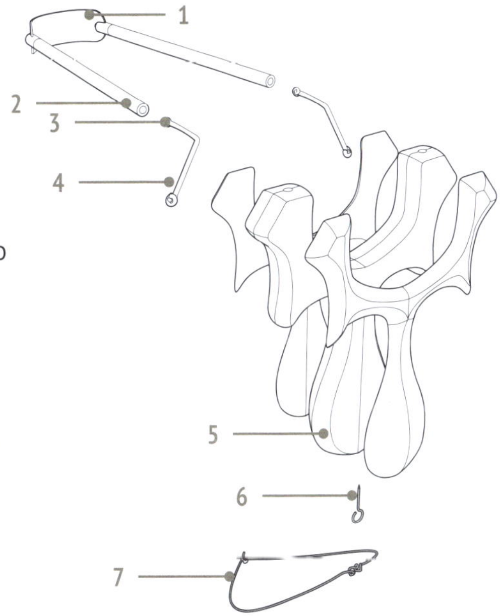

Teileliste

Nr.	Bezeichnung	Anzahl	Anmerkungen
1	Munitionsauflage	1	3 x 20 x 45 mm
2	Gummischlauch	2	30 mm Durchmesser, 200 mm lang
3	Zahnseide	1	Nach Bedarf
4	550er Paracord (Kernmantelseil)	2	100 mm lang
5	Griff	3	20 mm starkes Sperrholz
6	Schrauböse	1	12 mm lang
7	Schlinge aus Paracord	1	75 mm lang

Schwierigkeitsgrad

Einfach

Werkzeug und Material

» Holzleim und Pinsel
» Zwingen
» (Schablonenvorlagen über den Buchcode auf S. 2)
» Sprühklebstoff
» Bandsäge
» Spindelschleifmaschine
» Handoberfräsentisch
» 3-mm-Abrundfräser
» Feile oder Raspel
» Schleifpapier
» Handbohrmaschine
» Versenker
» Sprühlack, klar
» Feuerzeug
» Spitzzange

Hintergrund der Gestaltung

Die kreuzweise verleimten Schichten des Sperrholzes sind perfekt geeignet, um organische Formen zu gestalten, die dennoch sehr belastbar sind. Während der Bearbeitung entstehen „Höhenlinien", die sowohl die symmetrische Formgebung erleichtern wie auch als Dekoration dienen.

1 Rohling vorbereiten. Leimen Sie zuerst zwei Lagen 20 mm starkes Sperrholz aufeinander, die groß genug sind, dass die Schablone darauf Platz findet.

2 Verleimen. Setzen Sie viele Zwingen an, damit sich der Druck gleichmäßig verteilt und beim Aussägen des Umrisses keine unerwünschten leimfreien Stellen auftauchen.

3 Schablone aufkleben. Am einfachsten lässt sich die Schablone auf den Rohling bringen, indem man die Vorlage (s. Buchcode auf S. 2) ausdruckt und mit etwas Sprühklebstoff auf dem Sperrholz aufklebt.

4 Form ausschneiden. Verwenden Sie ein schmales (3 mm oder weniger) Sägeblatt in der Bandsäge, um die Form der Zwille auszuschneiden.

5 Glatt schleifen. Mit einer Spindelschleifmaschine sind die Innenkurven der Form schnell geschliffen. Falls man keinen Spindelschleifer besitzt, kann man die Arbeit auch manuell mit etwas Schleifpapier ausführen, das man um ein Rundholz gewickelt hat.

6 Symmetrie anstreben. Kontrollieren Sie den Umriss beim Schleifen immer wieder, um eine ansprechende symmetrische Form zu erhalten.

7 Kanten abrunden. Spannen Sie einen 6-mm-Abrundfräser am Handoberfräsentisch ein und runden Sie alle Kanten der Zwille damit ab.

8 Handfreundlich gestalten. Probieren Sie, wie die Zwille in Ihrer Hand liegt. Markieren Sie die Stelle, an der Ihr Zeigefinger liegt, und feilen Sie dort Material ab.

9 Kanten brechen. Entfernen Sie mit einer Raspel oder Feile alle scharfen Kanten, die sonst in Ihre Hand einschneiden würden.

10 Nacharbeiten. Bei einem kleinen Stück mit vielen Rundungen und Kanten ist es leichter, abschließend mit einem Stück Schleifpapier manuell nachzuarbeiten, als zu einer elektrischen Schleifmaschine zu greifen.

11 Bohrer auswählen. Der Durchmesser des Bohrers sollte der Stärke des verwendeten Seils entsprechen.

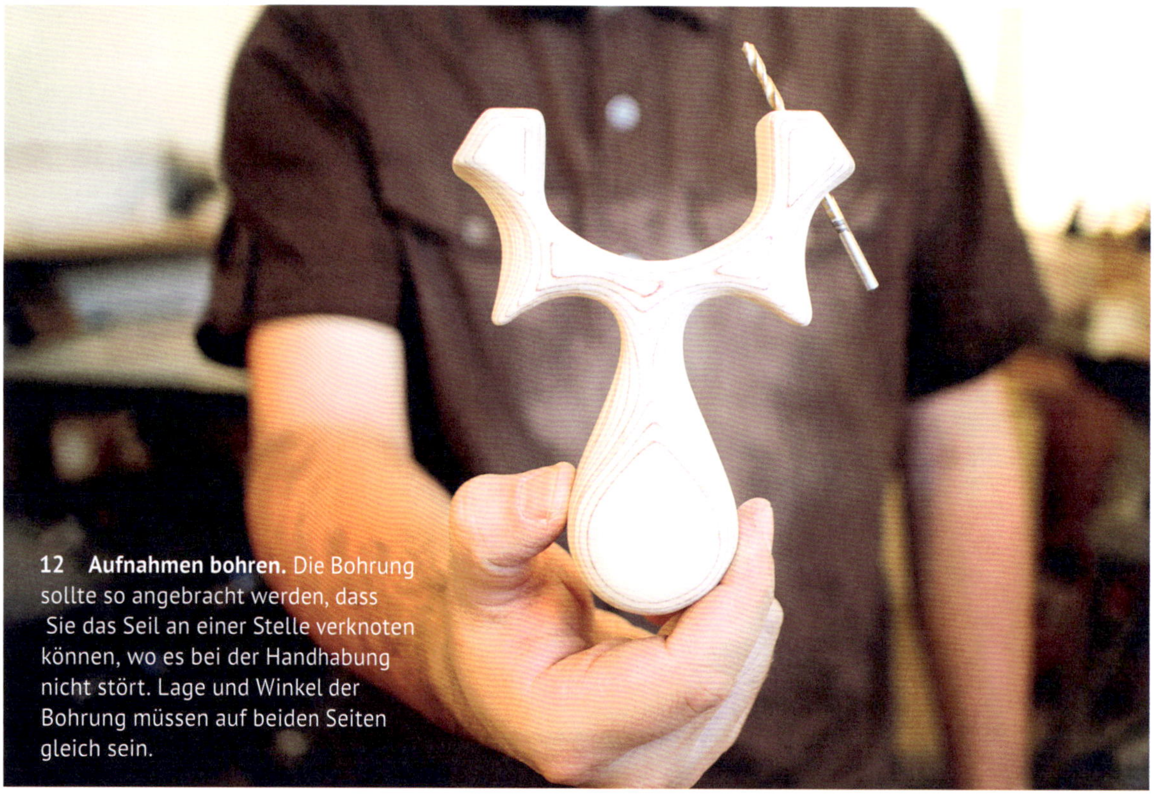

12 Aufnahmen bohren. Die Bohrung sollte so angebracht werden, dass Sie das Seil an einer Stelle verknoten können, wo es bei der Handhabung nicht stört. Lage und Winkel der Bohrung müssen auf beiden Seiten gleich sein.

13 Platz für die Knoten schaffen. Erweitern Sie die Austrittsöffnung der Bohrung an der oberen Seite der Zwille mit einem Versenker in der Handbohrmaschine, damit sich das Seil frei bewegen kann.

14 Lackieren. Mit einem Sprühlack erhalten Sie eine schöne und schützende Oberfläche. Das Lackieren wird vereinfacht, wenn Sie die Zwille an einer Kordel aufhängen, die Sie durch eine der Bohrungen fädeln.

15 Seil anbringen. Ziehen Sie durch jede der Bohrungen ein Stück Seil und verknoten Sie alle vier Enden.

16 Versengen. Verwenden Sie einen kleinen Gasbrenner oder ein Feuerzeug, um die Enden des Seils anzusengen, damit sich die einzelnen Fäden nicht entflechten.

17 Auf gleiche Länge achten. Ein ausgewogenes Schussverhalten erreicht man nur, wenn beide Seilstücke gleich lang sind.

18 Gummischlauch anbringen. Greifen Sie das Ende des Seils mit einer Spitzzange und ziehen Sie dann den Gummischlauch über die Spitzen der Zange, um ihn anschließend zu erweitern und über den Knoten zu ziehen.

19 Abbinden. Binden Sie den Gummischlauch hinter dem Knoten im Seil mit Zahnseide ab, indem Sie die Zahnseide mehrmals um den Schlauch führen und dann verknoten.

20 Fangriemen anbringen. Drehen Sie unten am Griff eine Schrauböse ein, durch die Sie eine Seilschlaufe ziehen, um die Zwille am Handgelenk tragen zu können.

Haustier-heim

Ihr felliger Freund verdient nur das Allerbeste.

Ein Haustier gehört zur Familie und steht dort in der Hackordnung manchmal noch über einigen der Menschen. Man kann ihm eine Unterkunft anbieten, die diesen Rang auch optisch zur Geltung bringt, wenn man dieses Haus baut, das von den futuristischen amerikanischen Streamliner-Wohnwagen der 1950er Jahre inspiriert ist. Es mag sein, dass der Kleine dann etwas hochmütig wird und bei den Nachbartieren angibt, aber das wollen wir ihm nachsehen oder nicht?

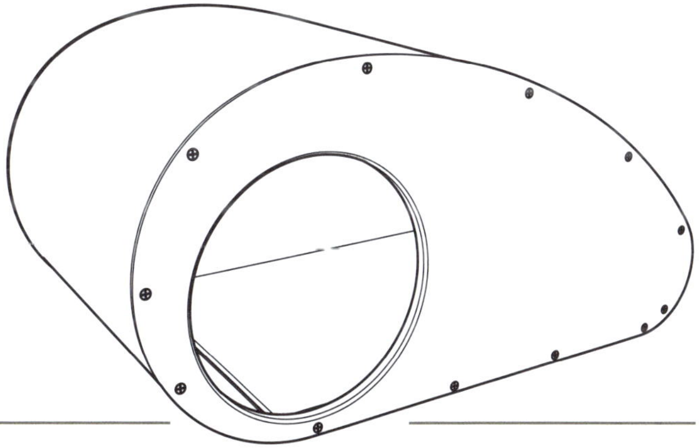

Teileliste

Nr.	Bezeichnung	Anzahl	Anmerkungen
1	Leisten für Querträger	8	20 x 20 x 355 mm
2	Sperrholz für Seitenwände	2	12 x 305 x 560 mm
3	Holzschrauben	24	4,0 x 20 mm
4	Sperrholz für Boden	1	12 x 400 x 315 mm
5	Teppichboden	1	380 x 305 mm
6	Aluminiumblech	1	355 x 1040 mm

Schwierigkeitsgrad

Mittel

Werkzeug und Material

- Tischkreissäge
- Schablonenvorlagen (erhältlich über den Buchcode, S. 2)
- Sprühklebstoff
- Bohrmaschine mit 1,5-mm- und 12-mm-Bohrern und Versenker
- Stichsäge
- Bandsäge
- Spindelschleifmaschine
- Teller- oder Bandschleif-maschine
- Handoberfräsentisch mit Bündigfräser und 10-mm-Abrundfräser
- Bandmaß
- Hammer und Nägel
- Tischlerleim
- Zwingen
- Schraubendreher
- Bindfaden
- Blechschere
- Arbeitshandschuhe
- Zylinder, z.B. Verpa-ckungs-Pappröhre
- Druckluftnagler oder Hammer und Drahtstifte
- Nahrungsmittelechtes Oberflächenmittel nach Wahl

Hintergrund der Gestaltung

Inspiriert wurde dieses Werkstück durch selbstgebaute Wohnwagen in Tropfenform. Die einfache Konstruktion aus Seitenwänden und einem einzigen Stück Metallblech lässt sich ganz leicht auf Haustiergröße hinabskalieren.

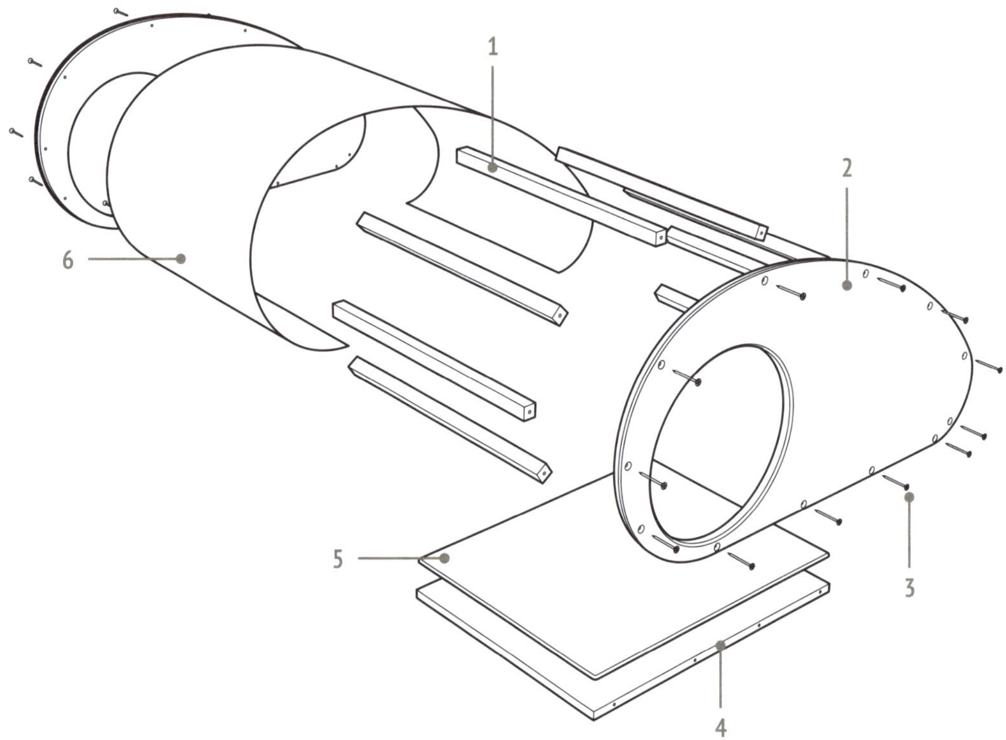

Entwurfsvarianten

Wir haben uns für unser Haustier für die Tropfenform entschieden. Sie müssen sich jedoch nicht daran halten und können Ihrer Phantasie freien Lauf lassen.

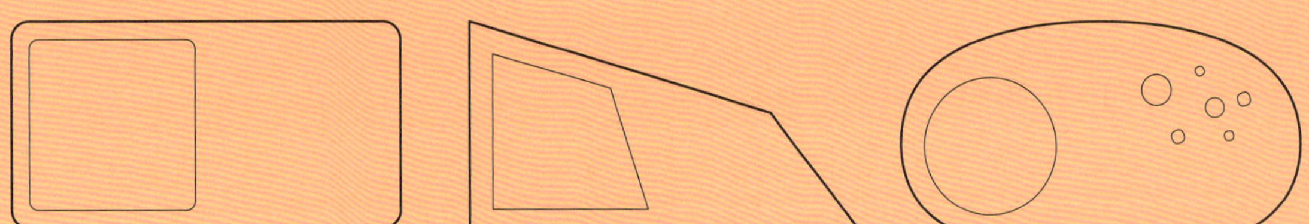

1 Seiten zuschneiden. Sägen Sie die Seitenwände mit der Tisch- oder Handkreissäge grob auf Maß. Der Boden wird später auf die tatsächlich von den Seitenwänden vorgegebene Größe zugeschnitten.

2 Umriss aufzeichnen oder übertragen. Zeichnen Sie den Umriss der Seitenwände direkt auf das Material einer Seitenwand oder drucken Sie die Vorlagen aus (s. Buchcode auf S. 2) und befestigen Sie sie mit dünn aufgetragenem Sprühkleber auf dem Sperrholz.

3 Eingang ausschneiden. Bohren Sie am Innenrand der Eingangsöffnung ein Loch. Schneiden Sie von dort aus mit der Stichsäge die Öffnung aus.

4 Äußere Form ausschneiden. Sägen Sie so dicht wie möglich am Riss entlang, um die nachträgliche Schleifarbeit auf ein Minimum zu reduzieren.

5 Eingang schleifen. Einer der Vorteile eines kreisrunden Eingangs besteht darin, dass man den gesamten Umfang der Innenkante leicht mit einem Spindel- oder Trommelschleifer schleifen kann.

6 Außenkante schleifen. Die Bandsägespuren an der Außenkante der Seitenwand werden mit einer Tellerschleifmaschine oder Bandschleifmaschine geschliffen. Harmonische Übergänge zwischen den einzelnen Krümmungsradien sehen am besten aus und sorgen dafür, dass sich das Dach nicht wellt.

7 Umriss auf die zweite Seitenwand übertragen. Übertragen Sie den Umriss der geschliffenen ersten Seitenwand auf die Zweite. Ein spitzer Bleistift sorgt dafür, dass die beiden Teile gleich groß sind. Wiederholen Sie die Säge- und Schleifarbeiten wie für die erste Seitenwand.

8 Fräser einstellen. Spannen Sie einen Bündigfräser am Handoberfräsentisch ein, den Sie zuvor mit einem kleineren Anlaufring aufgerüstet haben. Oberhalb der Fräserschneide sollten 3 mm ungefrästes Material stehen bleiben.

9 **Falz anschneiden.** Fälzen Sie die Außenkanten der beiden Seitenwände. Mit wiederholten Durchgängen kann man sicherstellen, dass keine erhobenen Stellen stehenbleiben. Die Fräskante wird später vom Aluminiumblech verdeckt, es ist also nicht so schlimm, wenn sich dort leichte Brennspuren zeigen.

10 **Tiefe kontrollieren.** Der Falz schützt vor Verletzungen durch die scharfen Kanten des Aluminiumblechs, nachdem dieses angebracht worden ist. Dieser Zeitpunkt ist auch gut geeignet, um alle Kanten glatt zu schleifen.

11 Kanten des Eingangs abrunden. Runden Sie die Innenkanten am Eingangsloch mit einem 10-mm-Abrundfräser ab.

12 Querträger zuschneiden. Schneiden Sie an der Tischkreissäge einige Leisten mit einem Querschnitt von 12 x 12 mm zu. Längen Sie die Leisten auf 355 mm ab. Reißen Sie an jedem Ende den Mittelpunkt an und bohren Sie dort 1,5-mm-Führungslöcher.

13 Lage der Querträger markieren. Richten Sie eine Kante eines Querträgers am Falz der Seitenwand aus und übertragen Sie den Umriss des Querträgers auf das Sperrholz. Auch hier ist ein frisch angespitzter Bleistift Ihr bester Freund. Dieser Arbeitsschritt muss nur an der Innenseite einer der Seitenwände durchgeführt werden.

14 Markierung wiederholen. Bringen Sie im Abstand von 75 mm bis 100 mm weitere Markierungen für die Lage der Querträger an. Gehen Sie dabei von einem Ende des Bodenteils ganz um den Umfang des Dachs, bis Sie zum anderen Ende des Bodens gelangt sind.

15 Mittelpunkte anreißen. Verbinden Sie die Ecken der viereckigen Umrisse mit einem Lineal, um die Mittelpunkte der Quadrate zu ermitteln.

16 Bohren und versenken. Bohren Sie an den Mittelpunkten der Quadrate Führungslöcher durch die Seitenwände. Versenken Sie die Bohrlöcher auf der Außenseite. Eine gleichmäßige Tiefe der Versenkungen zeigt, dass hier ein Profi an der Arbeit war.

17 Stapeln und Bohrlochplatzierung übertragen. Legen Sie die beiden Seitenteile aufeinander und richten Sie sie sorgfältig aneinander aus. Stecken Sie einen Nagel durch die Bohrlöcher, um ihre Platzierung auf die untere Seitenwand zu übertragen. Wiederholen Sie an dieser Seitenwand das Bohren und Versenken. Achten Sie darauf, die Versenkungen auch dort an der Außenseite anzubringen.

18 Boden zuschneiden. Schneiden Sie die Bodenplatte in der Breite auf die Länge der Querträger zu.

19 Boden vorbereiten. Der Boden sollte sich über die gesamte Unterseite des Haustierheims erstrecken und eine hinreichend große ebene Fläche als Einstieg bieten. Schneiden Sie den Boden auf Maß und stellen Sie ihn dann hochkant auf eine Seitenwand. Reißen Sie an der Oberfläche des Bodens entlang einen Strich auf der Seitenwand an. Bohren und versenken Sie Führungslöcher und übertragen Sie ihre Lage auf die andere Seitenwand, um dort ebenfalls zu bohren und zu versenken.

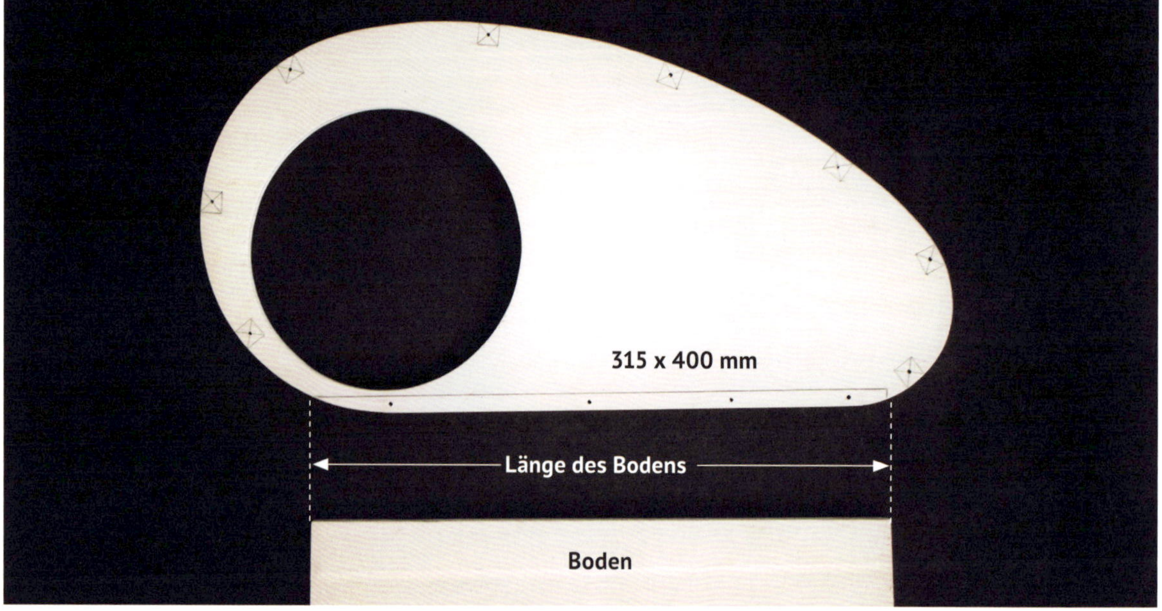

20 Einspannen und bohren. Richten Sie die Seitenwände sorgfältig am Boden aus und spannen Sie sie fest. Man kann auch etwas Holzleim angeben, aber die Schrauben sollten ausreichen, um die Konstruktion zusammenzuhalten. Vertiefen Sie die Führungslöcher im Boden nach dem Einspannen.

21 Schrauben anbringen. Drehen Sie mit einem Schraubendreher oder einem Akkubohrschrauber die kleinen Schrauben an beiden Seitenkanten des Bodens an. Nicht zu fest anziehen, damit das Gewinde nicht die Holzfasern im Bohrloch durchtrennt und das Loch glatt schneidet.

22 Schrauben teilweise eindrehen. Drehen Sie die Schrauben an den Oberkanten der Seitenwände nur so weit ein, dass die Spitzen auf der Innenseite knapp herausragen.

23 Querträger einstecken. Stecken Sie die Querträger zwischen die Seitenwände, indem Sie die Spitzen der Schrauben als Führung nutzen. Drehen Sie die Schrauben eines soeben eingesteckten Querträgers um einige Umdrehungen weiter ein, damit sich der Querträger nicht lockert, wenn Sie den nächsten einstecken. Richten Sie alle Querträger bündig aus und ziehen Sie dann alle Schrauben an.

24 Länge des Dachs bestimmen. Legen Sie ein Stück Bindfaden in den Falz einer Seitenwand, vom vorderen Ende des Bodens bis zu seinem hinteren Ende. Damit wird die Länge des Aluminiumblechs bestimmt, das als Dach dient.

25 Breite des Dachs messen. Messen Sie sorgfältig die Entfernung zwischen den Falzwandungen in den Seitenwänden. Ziehen Sie von diesem Maß etwa 0,5 mm ab, damit sich das Aluminium leicht einlegen lässt.

26 Aluminiumblech zuschneiden. Reißen Sie sorgfältig die Maße des Dachs auf dem Aluminiumblech an. Schneiden Sie das Blech mit einer Blechschere auf Maß. Seien Sie mit den scharfen Blechkanten vorsichtig. Glatte Schnitte, bei denen das Blech an den Schneiden der Schere anliegt, verringern die Zahl der abstehenden Blechstreifen, die man später abfeilen muss.

27 Aluminium vorbiegen. Das Blech lässt sich sehr viel leichter anbringen, wenn man es vorher um einen Zylinder wie etwa eine Verpackungsröhre aus Pappe oder eine Teigrolle biegt. Tragen Sie dabei Arbeitshandschuhe, um sich nicht zu verletzen.

28 An die Kurven anpassen. Biegen Sie das Aluminiumblech so lange vorsichtig, bis es fast von selbst auf den Seitenwänden liegt.
Seien Sie geduldig, es kann mehrere Versuche benötigen, bis die Passung genau stimmt.

29 Kanten befestigen. Befestigen Sie die Kanten des Dachs mit einem Druckluftnagler oder mit Hammer und Drahtstiften an den Seitenwänden. Beginnen Sie in der Mitte und arbeiten Sie zu den beiden Seiten hin. Achten Sie darauf, dass keine Dellen oder Wölbungen entstehen.

30 Holzflächen behandeln. Das hier gezeigte Haus ist für ein Kaninchen bestimmt.
Es kann also zu einem gewissen Maß zu Knabbereien am Material kommen. Ein Oberflächenmittel aus natürlichen (lebensmittelechten) Bestandteilen stellt sicher, dass Ihr Haustier nicht zu Schaden kommt. Um keine Irritationen bei kleinen Bewohnern mit empfindlichen Nasen aufkommen zu lassen, sollte das Oberflächenmittel unparfümiert sein.

31 Für Komfort sorgen. Auslegware sorgt für Bequemlichkeit und wirkt schalldämpfend. Wenn man an einer Ecke ein kleines Stück abschneidet, lässt sich der Teppichboden später zu Reinigungszwecken leichter anheben und herausnehmen.

CRAFT BEER
ICE COLD
CRAFT BEER
ICE COLD

Bierzapfhahn

Alles im Griff an der Theke.

Sie haben Tage damit verbracht, sich in die Materie einzuarbeiten, Stunden bei den Vorbereitungen und Wochen, in denen es gärte. Endlich! Endlich ist der Tag gekommen, an dem Sie Ihr Gebräu verkosten können. Natürlich fließt es dann auch, wenn man einfach nur einen Knauf dreht. Aber warum sollte man die ganze harte Arbeit nicht mit einem extra angefertigten Zapfhahngriff krönen, der proklamiert: „Ich bin der Braumeister, ihr trinkt mein Bier!“

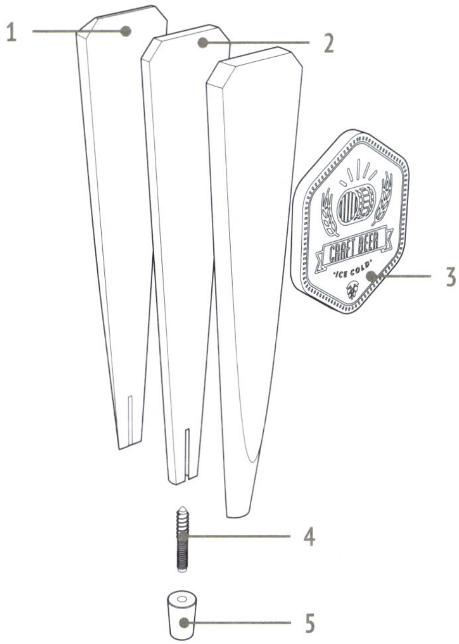

Teileliste

Nr.	Bezeichnung	Anzahl	Anmerkungen
1	Außenlage Griff	2	12 x 60 x 280 mm
2	Innenlage Griff	1	6 x 60 x 280 mm
3	Medaillon	1	Größe nach Wunsch
4	Stockschraube	1	Metrisches Gewinde (M6) an einem Ende, grobes Holzgewinde am anderen Ende; 30 mm lang
5	Buchse	1	Standardinnengewinde ist M8.

Schwierigkeitsgrad

Einfach

Werkzeug und Material

- » Tischkreissäge
- » Schiebestock
- » Tischlerleim und Pinsel
- » Zwingen
- » Lineal
- » Bandsäge
- » Bandschleifmaschine
- » Drechselbank
- » Hohlbeitel, 25 mm oder ähnlich
- » Schleifpapier, 120er und 220er Körnungen
- » Schleifklotz oder Exzenterschleifmaschine
- » Schraubstock
- » Bohrmaschine und auf die Buchse abgestimmter Bohrer
- » Schraubenschlüssel
- » Bienenwachs
- » Oberflächenmittel

Die Idee hinter der Gestaltung

Ganz ehrlich: Inspiriert wurde der Entwurf durch ein Paar Bowling-Schuhe. Ein Streifen in der Mitte und viel Spaß, wenn man es verwendet – was könnte schon perfekter sein?

1 Material vorbereiten. Schneiden Sie alle drei Lagen des Rohmaterials an der Tischkreissäge auf die gleiche Breite.

2 Leim angeben. Verteilen Sie mit einem Roller oder Pinsel eine gleichmäßige Schicht Leim auf beide zu verleimenden Flächen.

3 Die Zwinge ist Ihr Freund. Setzen Sie die Zwingen von der Mitte nach außen an, sodass sie über die gesamte Länge des Werkstücks gleichmäßigen Druck ausüben.

4 Am unteren Ende anfangen. Ermitteln Sie den Mittelpunkt des unteren Endes, indem Sie Diagonalen von Ecke zu Ecke ziehen. Übertragen Sie dann den Durchmesser der Buchse auf das Holz.

5 Den Umriss anzeichnen. Reißen Sie schräge Linien von den beiden Markierungen des Buchsendurchmessers bis zur oberen Kante des Rohlings an.

6 Knapp außerhalb des Risses sägen. Wenn man den Großteil des Verschnitts mit der Bandsäge entfernt, bevor man drechselt, geht die Arbeit an der Drechselbank viel schneller von der Hand.

7 Versäubern. Schleifen Sie an der Bandschleifmaschine bis zu den Rissen hinunter und entfernen Sie dabei die Spuren der Bandsäge.

8 **Schruppen.** Spannen Sie den Rohling zwischen Spitzen in der Drechselbank ein. Nehmen Sie zuerst mit einer 25-mm-Schrupppröhre (oder einem anderen Werkzeug, das Sie gerade zur Hand haben) kräftig Material ab, um das untere Ende rund zu drehen.

9 **Die Form im Auge behalten.** Arbeiten Sie beim Drehen vom unteren Ende zum oberen hin. Streben Sie eine Form an, die sich allmählich von rund am unteren Ende zu rechteckig am oberen Ende verändert.

10 **Glatt schleifen.** Lassen Sie den Griff in der Drehbank eingespannt und schleifen Sie zuerst mit 120er Schleifpapier, abschließend dann mit 220er Papier.

11 **Flache Seiten überprüfen.** Falls die flachen Seiten des Griffs verputzt werden müssen, schleifen Sie sie mit dem Schleifklotz oder einer Exzenterschleifmaschine.

12 Aufnahme für Buchse bohren. Legen Sie die Abmessungen der Buchse zugrunde und bohren Sie mittig in das untere Ende des Griffs eine Sackbohrung, um die Buchse einstecken zu können. Achten Sie darauf, dass die Bohrung genau entlang der Mittelachse verläuft.

13 Eindrehen vorbereiten. Aluminiumbuchsen sind nicht teuer. Sie können eine opfern, um ein Gewinde in das Sackloch zu bohren, bevor Sie die Chrombuchse installieren. Andernfalls können Sie auch zwei Kontermuttern auf das metrische Gewinde der Stockschraube setzen, um sie einzudrehen.

14 Stockschraube eindrehen. Drehen Sie die Stockschraube mit einem Schraubenschlüssel in den Griff.

15 Buchse anbringen. Das Anbringen der Chrombuchse auf der Stockschraube geht leichter von der Hand, wenn man das Gewinde mit etwas Bienenwachs schmiert.

16 Form nacharbeiten. Brechen Sie die scharfen Kanten am oberen Ende des Griffs, indem Sie an der Bandschleifmaschine Fasen anarbeiten.

17 Oberfläche behandeln. Ein Sprühlack schützt das Holz und lässt es ein klein wenig glänzen.* Alternativ kann man auch Klarlack mit Pinsel oder Ballen auftragen oder ein Hartöl verwenden.

18 Einen Markennamen einführen. Am Griff können Sie einen Aufkleber anbringen, ein Motiv schnitzen oder den ganzen Griff bemalen. Oder bestellen Sie ein kleines Medaillon, auf das nach Ihrer eigenen Vorlage ein Motiv eingelasert worden ist.

Bierträger

Alles Lebenswichtige immer dabei.

Für dieses Partytier standen eine verwitterte Schatztruhe und zwei Grogflaschen Pate. Wenn man dann noch ein paar glänzende Messingschrauben und Brandspuren vom Pulverdampf hinzufügt, hat man den coolsten Bierträger weit und breit. Der Träger nimmt zwei große Henkelflaschen mit Selbstgebrautem auf und hat einen großzügig dimensionierten Griff, um ihn bequem tragen zu können.

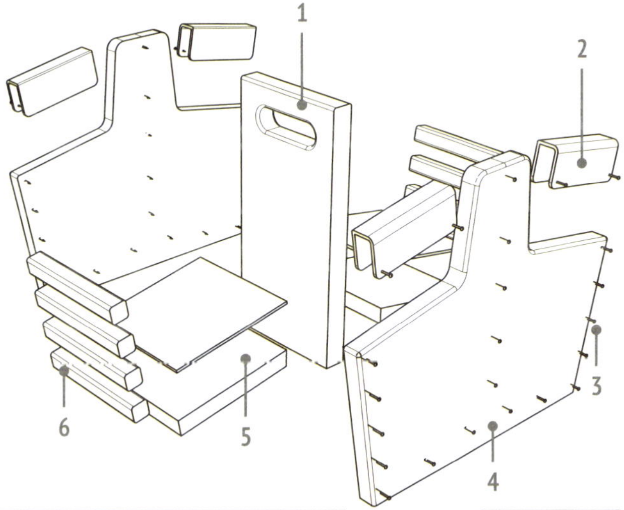

Teileliste

Nr.	Bezeichnung	Anzahl	Anmerkungen
1	Griffbrett	1	20 x 20 x 355 mm
2	Filz oder Leder	2	12 x 305 x 560 mm
3	Kleine Messingschrauben	40+	4,0 x 20 mm
4	Seiten	2	12 x 400 x 315 mm
5	Boden	2	380 x 305 mm
6	Endleisten	8	355 x 1040 mm

Schwierigkeitsgrad
Mittel

Werkzeug und Material

» Tischkreissäge
» Dicktenhobelmaschine
» Schablonenvorlagen
» Sprühklebstoff
» Bohrmaschine mit 3-mm-Bohrer und 25-mm-Forstnerbohrer
» Laubsäge oder elektrische Stichsäge
» Spindel- oder Trommelschleifer
» Körner
» Bandsäge
» Schleifklotz
» Handoberfräsentisch mit 6-mm-Abrundfräser
» Schleifpapier, 120er bis 220er Körnungen
» Kappsäge oder Schiebeschlitten für Tischkreissäge
» Tischlerleim
» Hammer und Nägel
» Zwingen
» Lineal
» Sekundenkleber
» Propanbrenner
» Schlitzschraubendreher
» Vorlagen für die Einzelteile sind über den Buchcode auf S. 2 downloadbar

Die Idee hinter der Gestaltung

Das Anbrennen des Holzes ist eine jahrhundertealte Technik der Oberflächenbehandlung. Das rustikale aussehen wird durch die Messingschrauben veredelt und die Bierkrüge stehen nach außen geneigt, um die Partystimmung zu betonen.

1 Die drei inneren Hauptteile zuschneiden. Schneiden Sie ein Stück Kiefernholz auf eine Breite, die um 6 mm größer ist als der Durchmesser der Henkelflaschen, die Sie transportieren wollen. Schneiden Sie daraus die beiden Böden und die mittlere Trennwand mit Griff.

2 Die Seiten auf Stärke hobeln. Hobeln Sie das Material für die Seiten in der Dicktenhobelmaschine auf eine Stärke von etwa 12 mm. Gehobelte Seiten sehen eleganter aus, falls Sie jedoch über keine Dicktenhobelmaschine verfügen, können Sie diesen Schritt auch überspringen.

3 10°-Fase anschneiden. Schneiden Sie an der Innenkante jedes Bodens jeweils eine Fase im Winkel von 10° an. Diese Kante liegt später an der Trennwand an.

4 Den Griff schneiden. Bohren Sie mit einem 25-mm-Forstnerbohrer die beiden Enden des im Abstand etwa 100 mm langen Grifflochs aus. Entfernen Sie den Verschnitt mit der Laubsäge oder elektrischen Stichsäge.

5 Griffloch schleifen. Schleifen Sie die Innenkanten des Grifflochs mit dem Spindelschleifer. Falls Sie nicht über eine Spindelschleifmaschine verfügen, können Sie die Arbeit auch mit einem Trommelschleifaufsatz an der Ständerbohrmaschine oder mit einer Feile ausführen.

6 Vorlage auf ein Seitenteil übertragen. Verwenden Sie die über den Buchcode auf S. 2 erhältliche Vorlage, um den Umriss auf einer der Seiten anzureißen. Markieren Sie die Bohrlöcher mit einem Körner.

7 Seitenteil ausschneiden. Sägen Sie vorsichtig am Riss entlang, um die Seitenteile auszuschneiden. Ein (dünneres) Schweifsägeblatt erleichtert das Sägen der Kurven, benötigt aber höhere Aufmerksamkeit, um die geraden Schnitte gleichmäßig auszuführen.

8 Sägespuren beseitigen. Schleifen Sie die Spuren an den geraden Kanten mit einem Schleifklotz glatt und verwenden Sie für die Krümmungen einen Spindel- oder Trommelschleifer.

9 Umriss übertragen. Wenn man den Umriss des ersten Seitenteils auf das zweite überträgt, kann man sicher sein, ein symmetrisches Werkstück zu erhalten.

10 Kanten abrunden. Verwenden Sie einen 6-mm-Abrundfräser, um die Außenkanten der beiden Seitenteile und des Griffteils an der Trennwand abzurunden. Lassen Sie die untere Kante der Seitenteile rechtwinklig. Schleifen Sie alles nach dem Abrunden glatt.

11 Versäubern. Schleifen Sie mit einem Stück 220er Schleifpapier alle Bearbeitungsspuren ab, die nach dem Fräsen des Griffstücks verblieben sein mögen.

12 Für das Ablängen einrichten. Stellen Sie eine Kappsäge oder den Ablängschlitten einer Tischkreissäge ein, um die Leisten für die Enden auf Länge zu schneiden. Benutzen Sie die Trennwand mit dem Griffloch als Schablone, um einen Stoppklotz anzubringen, damit die Leisten genau auf die Länge der anderen Innenteile geschnitten werden.

13 Leisten ablängen. Wenn die Säge eingerichtet ist, sägen Sie alle acht Leisten auf Länge.

14 Filz markieren. Markieren Sie die Größe des Filzes, der auf den Böden aufgeleimt wird, und schneiden Sie die beiden Filzstücke zu. Man kann auch Leder verwenden, dass sich im Laufe der Zeit aber unter Feuchtigkeitseinfluss verfärben kann.

15 Filz aufleimen. Befestigen Sie die Filz- oder Lederstücke mit etwas Tischlerleim auf der Oberseite der beiden Böden. Beschweren Sie die Verleimung, während der Leim trocknet – vielleicht mit einer gefüllten Henkelflasche.

16 Führungslöcher bohren. Bohren Sie die Löcher an den zuvor mit dem Körner markierten Stellen. Die Löcher helfen dabei, die Innenteile auszurichten.

17 Lage der Bohrlöcher übertragen. Schlagen Sie einen Nagel durch die Führungslöcher im ersten Seitenteil, um deren Lage auf das zweite Seitenteil zu übertragen. Ein sanfter Schlag mit den Hammer sollte ausreichen.

18 Verbindungslinien zeichnen. Ziehen Sie mit einem Lineal Linien durch die Lochreihen.

19 Lage der Innenteile anreißen. Richten Sie die Innenteile an den Rissen aus und übertragen Sie ihre Umrisse mit leichten Bleistiftmarkierungen. Fangen Sie mit der mittleren Trennwand mit dem Griffstück an.

20 Die beiden Böden anlegen. Sie sollten mit der Fase an der Trennwand liegen und zur Innenecke am Endstück hin abfallen.

21 Innenteile verleimen. Richten Sie die Innenteile an den Bleistiftmarkierungen aus, geben Sie Leim an und spannen Sie die Teile mit Zwingen an nur einem Seitenteil an. Wenn man versucht, sie an beiden Seitenteilen gleichzeitig anzuleimen, führt das leicht zu schiefen Ergebnissen.

22 Zweites Seitenteil anleimen. Lassen Sie den Leim mindestens eine Stunde trocknen, nehmen Sie die Zwingen ab und leimen Sie das zweite Seitenteil an.

23 Senkrecht spannen. Es bietet sich an, den Träger für die letzte Verleimung senkrecht zu stellen, um sicher zu sein, dass die Unterkanten der beiden Seitenteile parallel verlaufen.

24 Leisten platzieren. Mit einem Tropfen Sekundenkleber kann man die Endleisten provisorisch befestigen. Ein Reststück des Rohmaterials dient als Abstandlehre, um sie gleichmäßig zu verteilen.

25 Führungslöcher vertiefen. Bohren Sie durch die Führungslöcher bis in die innenliegenden Teile und in die Endleisten hinein, um die Messingschrauben aufzunehmen. Falls Sie normale Schrauben verwenden, möchten Sie die Austrittslöcher vielleicht versenken, damit die Schraubenköpfe bündig mit der Holzoberfläche abschließen.

26 Unregelmäßige Kanten nachschleifen. Der Träger sieht sehr viel eleganter aus, wenn man unregelmäßige Kanten und unschöne Ecken mit 150er bis 220er Schleifpapier angleicht.

27 FEUER! Färben Sie das Holz mit einem Gasbrenner dunkel. Durch schnelle stetige Bewegungen der Flamme erzielt man eine gleichmäßige Farbverteilung. Wenn der Träger rustikal und abgenutzt aussehen soll, verkohlt man die Oberfläche etwas stärker und bürstet sie nachfolgend in Faserrichtung mit einer Drahtbürste ab, damit die dichten Jahresringe etwas hervorstehen. Falls Sie nicht mit einem Gasbrenner arbeiten möchten, können Sie das Holz auch beizen.

28 Messingschrauben eindrehen. Fachgerecht sieht die Verschraubung aus, wenn die Schlitze in den Schraubenköpfen alle in die gleiche Richtung weisen.

29 Filzstücke anleimen. Geben Sie etwas Tischlerleim an die oberen Filzstücke und setzen Sie Federklemmen an. Wenn man die Ecken rund oder eckig abschneidet, sehen die Filzstücke noch einmal besser aus.

30 Noch etwas verzieren. Bohren Sie Führungslöcher durch den Filz, wenn der Leim getrocknet ist, und drehen Sie als Verzierung noch Messingschrauben durch die Ecken der Filzstücke.

Fahrrad-halterung

Hängen Sie Ihr Rad hoch.

Wenn es Ihnen Spaß macht, mit Ihren Händen zu arbeiten, dann sind Sie vermutlich auch gerne mit eigener Muskelkraft unterwegs. Diese schlanke Wandhalterung für Ihr Lieblingsfahrrad ist eine gute Möglichkeit, die beiden Leidenschaften miteinander zu verbinden. Der Entwurf ist für eine Kleinstwohnung gedacht, die Halterung lässt sich bei Nichtgebrauch flach an die Wand klappen. Dadurch verringert sich auch die Gefahr, sich unangenehm daran zu stoßen.

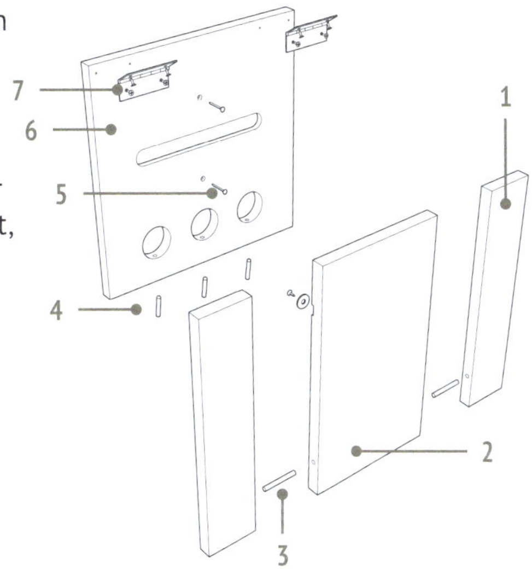

Teileliste

Nr.	Bezeichnung	Anzahl	Anmerkungen
1	Seitenträger/Vorderplatte	2	20 x 75 x 355 mm
2	Mittelträger/Vorderplatte	1	20 x 205 x 355 mm
3	Metallstab	2	6 x 75 mm
4	Haken	3	6 x 75 mm
5	Holzschrauben	2	4,0 x 12 mm
6	Wandplatte	1	20 x 355 x 355 mm
7	Scharniere	2	Auf 70 mm zuschneiden
8	Unterlegscheibe	1	20 mm Durchmesser

Schwierigkeitsgrad
Leicht

Werkzeug und Material

- Tischkreissäge mit Ablängschlitten
- Winkelmaß
- Ständerbohrmaschine mit 6-mm- und 12-mm-Bohrer, 25-mm-Forstnerbohrer und Versenker
- Elektrische Stichsäge
- Spindelschleifmaschine
- Kombiwinkel
- Zwingen
- Exzenterschleifmaschine
- Wasserlösliche Beize
- Schraubendreher
- Oberflächenmittel
- Schleifpapier
- Klüpfel

Die Idee hinter der Gestaltung

Die Halterung wird aus 20-mm-Sperrholz hergestellt: Nicht zu klobig, aber dennoch belastbar, damit sie wenig Platz in Anspruch nimmt, wenn man sie wegklappt. Die Beschläge und anderen Details werden dann durch die geteilte Vorderplatte verdeckt, die das Fahrrad trägt, wenn man sie ausklappt.

1 Material auf Breite sägen. Verwenden Sie die auf der vorherigen Seite angegebenen Maße und schneiden Sie das Material an der Tischkreissäge auf Breite.

2 Ablängen. Verwenden Sie einen Ablängschlitten an der Tischkreissäge, um die Teile auf die Längen zu sägen, die auf Seite 153 angegeben sind.

3 Anreißen. Markieren Sie mit einem Winkelmaß die Mittellinie des Ausschnitts in der Wandplatte der Fahrradhalterung.

4 Ständerbohrmaschine aufrüsten. Setzen Sie einen 25-mm-Forstnerbohrer ein, damit das 20 mm starke Material der Seitenträger aufgenommen werden kann. Außerdem ist das Bohrloch dann groß genug für das Sägeblatt Ihrer elektrischen Stichsäge.

5 Endlöcher bohren. Senken Sie den Bohrer langsam in das Holz, um Faserausrisse zu vermeiden, und bohren Sie ganz durch das Material.

6 Verschnitt entfernen. Reißen Sie parallele Linien an, um die Außenränder der Endlöcher miteinander zu verbinden, die Sie in die Wandplatte gebohrt haben. Sägen Sie mit der Stichsäge an den Linien entlang, um den Verschnitt zu entfernen.

7 Glatt schleifen. Mit der Spindelschleifmaschine sind die Innenkanten des Langlochs schnell geglättet.

8 Hakenlöcher anreißen. Reißen Sie mit einem Kombiwinkel in 70 mm Entfernung von der Unterkante der Wandplatte eine Linie an.

9 Hakenlöcher bohren. Bohren Sie mit einem 25-mm-Forstnerbohrer drei Löcher in gleichmäßigem Abstand mittig auf der zuvor angerissenen Linie.

10 Dübellöcher bohren. Bohren Sie mit einem 6-mm-Bohrer von der Kante der Wandplatte her bis in die drei Hakenlöcher. Die Dübelbohrungen sollten sowohl im Material als auch in den Hakenlöchern mittig liegen.

11 Aufhängebohrungen bohren. Bohren Sie oberhalb und unterhalb des Langloches in der Wandplatte Löcher, um die Fahrradhalterung an der Wand befestigen zu können. Versenken Sie die Eintrittslöcher der Bohrungen.

12 Ausbohren. Bohren Sie in 75 mm Entfernung vom unteren Ende Sacklöcher mit 12 mm Durchmesser und etwa 50 mm Tiefe in die Innenkante des Seitenträgers.

13 Einspannen. Bohren Sie wiederum im Abstand von 75 mm vom unteren Ende auf jeder Seite des Mittelträgers ein Loch mit 12 mm Durchmesser und etwa 50 mm Tiefe. Stecken Sie eine der Achsen ein und ziehen Sie die Teile mit einer Zwinge zusammen.

14 Aufnahme für die Unterlegscheibe bohren. Bohren Sie mit einem Forstnerbohrer, dessen Größe dem Durchmesser der Unterlegscheibe entspricht, in etwa 50 mm Entfernung vom oberen Ende ein flaches Sackloch in die Rückseite der Träger. Das Loch sollte etwa 3 mm in den Seitenträger hineinreichen.

15 Unterlegscheibe einschrauben. Legen Sie die Unterlegscheibe ein und schrauben Sie so fest, dass sie dicht anliegt. Die Unterlegscheibe hindert den Mittelträger daran, nach außen zu fallen, wenn man die Fahrradhalterung wegklappt.

16 Glatt schleifen. Schleifen Sie alle Bauteile in Handarbeit oder mit dem Exzenterschleifer bis zu einer Körnung von 220.

17 Beize auftragen. Geben Sie der Halterung Farbe, indem Sie mit einem Tuch eine wasserlösliche Beize auftragen.

18 Die Träger anbringen. Bringen Sie an jedem der Seitenträger ein Scharnier an, mit dem sie an der Wandplatte befestigt werden.

19 Oberflächenmittel auftragen. Mit Sprühlack aus der Dose wird die gebeizte Oberfläche versiegelt und geschützt.* Wer eine offene Oberfläche bevorzugt, nimmt Hartöl.

20 Haken vorbereiten. Stellen Sie die Haken (für Fahrradhelme, Handschuhe und ähnliches) her, indem Sie 6 mm starke Dübel an den Enden mit Schleifpapier anfasen. Die Haken werden in die Bohrungen in der Kante der Wandplatte gesteckt.

21 Haken eintreiben. Treiben Sie die Haken in die Bohrungen, bis sie in die Hakenlöcher der Wandplatte ragen. Wenn man die Haken ungebeizt lässt, sorgt das für einen schönen optischen Akzent.

Wie sie funktioniert

Was ist noch besser als eine Halterung, die Ihr geliebtes Fahrrad aufnimmt? Gar keine Halterung! Wenn Sie auf zwei Rädern Stadt und Land unsicher machen, lässt sich diese Halterung zusammenklappen und wird zu einem schlichten Kunstwerk, das an der Wand hängt. „Schöne Maserung, oder nicht?"

Register

Register der Werkstücke nach Schwierigkeitsgrad